矿物和岩石鉴定实验指导

叶真华　刘　琦　编著

同济大学 出版社
TONGJI UNIVERSITY PRESS

内 容 提 要

本书介绍了矿物、岩浆岩、沉积岩和变质岩的分类,以及用肉眼和偏光显微镜鉴定的方法,分为四章和一个附篇。第一章介绍了依据矿物的形态、光学性质和力学性质,利用简单工具对矿物进行肉眼鉴定的方法,列出了常见矿物的鉴定特征;第二章、第三章和第四章分别介绍了岩浆岩、沉积岩和变质岩的分类,以及肉眼和偏光显微镜鉴定的方法,给出了常见岩石的特征及鉴定描述顺序。附篇是透明矿物的光学显微镜鉴定的具体方法。

本书适合于工科院校地质工程、岩土工程、结构工程、道路与交通工程、桥梁工程和测量工程等专业的工程地质学及普通地质学的室内实验教学使用。

图书在版编目(CIP)数据

矿物和岩石鉴定实验指导 / 叶真华,刘琦编著. --上海:同济大学出版社,2015.5
ISBN 978-7-5608-5822-7

Ⅰ.①矿… Ⅱ.①叶… ②刘… Ⅲ.①实验矿物学—高等学校—教学参考资料 ②实验岩石学—高等学校—教学参考资料 Ⅳ.①P579②P589

中国版本图书馆 CIP 数据核字(2015)第 082250 号

矿物和岩石鉴定实验指导

叶真华 刘 琦 编著

责任编辑 姚烨铭 责任校对 徐春莲 封面设计 潘向蓁

出版发行 同济大学出版社 www.tongjipress.com.cn
(地址:上海市四平路 1239 号 邮编:200092 电话:021-65985622)
经 销 全国各地新华书店
印 刷 常熟市大宏印刷有限公司
开 本 787mm×1092mm 1/16
印 张 6.25
字 数 156 000
版 次 2015 年 5 月第 1 版 2017 年 4 月第 2 次印刷
书 号 ISBN 978-7-5608-5822-7

定 价 16.00 元

前　言

　　矿物和岩石实验课是"基础地质"、"工程地质"等课程整个教学过程中一个重要的环节。课堂上所学的有关矿物、岩石的理论知识必须通过直接观察鉴定，即通过感性认识，才能加深理解，并得以巩固和提高。为此，根据课程的需要，安排矿物岩石实验，并编写此实验指导书。

　　本书是根据同济大学地质工程专业课程设置的特点（基础地质或工程地质课程后，不再另外开设矿物学和岩石学课程）和课时要求，在原同济大学基础地质教研室同名指导书的基础上，参考原长春地质学院岩石教研室《偏光显微镜技术》、《岩浆岩石学实习指导书》、《沉积岩石学实习指导书》、中国石油大学狄明信《矿物岩石学实验技术》和成都地质学院岩石教研室《晶体光学》等教材，综合考虑地下建筑与工程系地质实验室的标本配置和实验设备编写而成的。

　　本书分为四章和一个附篇：第一章为矿物实验；第二章为岩浆岩实验；第三章为沉积岩实验；第四章为变质岩实验；附篇为透明矿物的光学显微镜鉴定方法。矿物和三大类岩石都分两次进行实验。

　　本书是原同济大学基础地质教研室教师们多年教学经验的总结，由叶真华、刘琦编写，莫战琴进行了图片处理和文字输入排版等工作，朱顺然对文稿进行校阅。书稿完成后，由郑家欣教授进行了审阅，提出了许多宝贵意见，在此表示衷心的感谢！

　　出版经费由教育部"高等学校本科教学质量与教学改革工程"专业综合改革试点项目资助（教高函［2013］2 号）。

　　由于编者水平有限，加之时间仓促，书中的不当之处，敬请读者批评指正。

编　者

二〇一五年五月

目　录

第一章 矿物实验

一、实验的目的与要求

（1）通过同种矿物晶体的理想形态与实际晶体形态的对比，认识它们在几何形态上的区别，达到认识矿物的目的。

（2）通过对矿物单体形态和集合体形态的认识，理解矿物的结晶习性，掌握常见的矿物晶体形态。

（3）通过实验观察，掌握常见矿物的光学特性。

（4）掌握解理面与晶面区别、常见矿物的力学特性。

（5）了解主要造岩矿物在偏光显微镜下的鉴定特征。

二、矿物的鉴定和研究方法

矿物是天然产出的自然元素的单质和化合物，其化学成分和物理性质是相对均一和固定的。一般为结晶质（晶体），极少数为胶体。

矿物的鉴定和研究方法是多种多样的，不同的方法常常从不同的角度直接或间接地揭示矿物的特征。为了比较全面准确地进行矿物的鉴定和研究，常常需要采用多种方法综合研究，才能获得对矿物的全面认识，得出准确的结论。下面将扼要地介绍几种鉴定、研究矿物的方法。

（一）鉴定和研究矿物的化学方法

这类方法包括简易化学分析和化学全分析。

1. 简易化学分析

所谓简易化学分析，就是以少数几种药品，通过简便的试验操作，能迅速定性地检验出待定矿物所含的主要化学成分，达到鉴定矿物的目的。常用的有斑点法、显微化学分析法及珠球反应等。

（1）斑点法 这一方法是将少量待定矿物的粉末溶于溶剂（水或酸）中，使矿物中的元素呈离子状态，然后加微量试剂于溶液中，根据反应的颜色来确定元素的种类。这一试验可在白瓷板、玻璃板或滤纸上进行。此法对金属硫化物及氧化物的效果较好。

（2）显微化学分析法 该法也是先将矿物制成溶液，从中汲取一滴置载玻片上，然后加适当的试剂，在显微镜下观察反应沉淀物的晶形和颜色等特征，即可鉴定出矿物所含的元素。

（3）珠球反应 这是测定变价金属元素的一种灵敏而简易的方法。测定时将固定在玻璃棒上的铂丝之前端弯成一直径约为 1mm 的小圆圈，然后放入氧化焰中加热。清污后趁热粘上硼砂（或磷盐），再放入氧化焰中煅烧，如此反复几次，直到硼砂熔成无色透明的小球为止。此时即可将灼热的珠球粘上疑为含某种变价元素的矿物粉末（注意：量一定要少），然后将珠球先后分别送入氧化焰及还原焰中煅烧，使所含元素发生氧化、还原反应，借反应后得到的高价态和低价态离子的颜色来判定为何种元素。

2. 化学全分析

化学全分析包括定性和定量的系统化学分析。进行这一分析时需要较为繁多的设备和标准试剂，需要较纯（98%以上）和较多的样品，需要较高的技术和较长的时间。因此，这一方法是很不经济的，除非在研究矿物新种和亚种的详细成分、组成可变矿物的成分变化规律以及矿床的工业评价时才采用。

（二）鉴定和研究矿物的物理方法

这类方法是以物理学的原理为基础，借助各种仪器，以鉴定和研究矿物的各种性质。

1. 矿物手标本外观鉴定法

矿物手标本的外观鉴定法，即通常所称的肉眼鉴定法。它是根据矿物的形态以及诸如颜色、光泽、硬度和解理等直观的物理性质特征，参考矿物的成因产状，或再辅以普通的化学试剂，便于野外使用。此方法虽然原始，但对常见矿物的鉴定很有效；而且尽管它在有的情况下难以做出惟一的确切定名，但至少可以圈定范围，获得必要的信息，为选择进一步的鉴定和研究方法提供依据。所以，在任何情况下，首先对矿物手标本进行外观上的鉴定都是必要而且有益的，应充分重视它的重要性。

矿物手标本的外观鉴定，有的可以凭经验直接做出判断，而在其他情况下则可利用矿物鉴定表，系统地按步骤进行鉴定。

2. 偏光显微镜和反光显微镜鉴定法

偏光显微镜和反光显微镜鉴定法是根据晶体的均一性和异向性，并利用晶体的光学性质而制定的一种鉴定、研究矿物的方法，也是岩石学、矿床学经常使用的一种晶体光学方法。应用这种方法时，须将矿物、岩石或矿石磨制成薄片或光片，在透射光或反射光下借显微镜以观察和测定矿物的晶形、解理和各项光学性质（颜色、多色性、反射率、折射率、双折射、轴性、消光角以及光性符号等）。透射偏光显微镜用以观察和测定透明矿物（非金属矿物）。在装有费氏台的偏光镜下，还可用来研究类质同象系列矿物的成分变化规律以及矿物在空间的排列方位与构造变动之间的关系。借此可以绘制出岩组图，用以解决地质构造问题。反光显微镜（也称矿相显微镜）主要用以观察和测定不透明矿物（金属矿物），并研究矿物相的相互关系以及其他特征，借以确定矿石矿物成分、矿石结构、构造及矿床成因方面的问题。

3. 电子显微镜研究法

电子显微镜研究法是一种适宜于研究微米及其以下级别的微粒矿物的方法，尤以研究粒度小于 $5\mu m$ 的具有高分散度的黏土矿物最为有效。可基本分为扫描电子显微镜和透射电子显微镜两种方法。

黏土类矿物由于颗粒极细（一般 $2\mu m$ 左右），常呈分散状态，研究用的样品需用悬浮法进行制备，待干燥后，置于具有超高放大倍数的电子显微镜下，在真空中使通过聚焦系统的电子光束照射样品，可在荧光屏上显出放大数十万倍甚至百万倍的矿物图像，据此以研究各种细分散矿物的晶形轮廓、晶面特征、连晶形态等，用此来区别矿物和研究它们的成因。此外，超高压电子显微镜发出的强力电子束能透过矿物晶体，这就使得人们能直接观察晶体结构和晶体缺陷。

4. X 射线分析

X 射线分析是基于 X 射线的波长与结晶矿物内部质点间的距离相近，属于同一个数量级

$(10^{-10}\,m)$，当 X 射线进入矿物晶体后可以产生衍射。由于每一种矿物都有自己独特的化学组成和晶体结构，其衍射图样也各有特征。对这种图样进行分析计算，就可以鉴定结晶矿物的相（每个矿物种就是一个相），并确定它内部原子（或离子）间的距离和排列方式。

5. 光谱分析

各种化学元素在受到高温光源（电弧或电火花）激发时，都能发射出它们各自的特征谱线，经棱镜或光栅分光测定后，既可根据样品所出现的特征谱线进行定性分析，也可按谱线的强度进行定量分析。这一方法是目前测定矿物化学成分时普遍采用的一种分析手段。其主要优点是样品用量少（数毫克），能迅速准确地测定矿物中的金属阳离子，特别是对于稀有元素也能获得良好的结果。缺点是仪器复杂、昂贵，并需较好的工作环境。

6. 电子探针分析

电子探针分析是一种最适用于测定微小矿物和包体成分的定性、定量成分以及稀有元素、贵金属元素赋存状态的方法。其测定元素的范围由从原子序数为 5 的硼直到原子序数为 92 的铀。仪器主要由探针、自动记录系统及真空泵等部分组成，探针部分相当于一个 X 射线管，即由阴极发出来的高达 $35kV \sim 50kV$ 的高速电子流经电磁透镜聚焦成极细小（最小可达 $0.3\mu m$）的电子束——探针，直接打到作为阳极的样品上，此时，由样品内所含元素发出的初级 X 射线（包括连续谱和特征谱）经衍射晶体分光后，由多道记数管同时测定若干元素的特征 X 射线的强度，并用内标法或外标法算出元素含量。

7. 红外吸收光谱分析

红外吸收光谱是在红外线的照射下引起分子中振动能级（电偶极矩）的跃迁而产生的一种吸收光谱。由于被吸收的特征频率取决于组成物质的原子量、键力以及分子中原子分布的几何特点，即取决于物质的化学组成及内部结构，因此每一种矿物都有自己的特征吸收谱，包括谱带位置、谱带数目、带宽及吸收强度等。根据光谱中吸收峰的位置和形状可以推断未知矿物的结构，依照特征峰的吸收强度来测定混入物中各组分的含量。此外，红外光谱分析在考察矿物中水的存在形式、络阴离子团、类质同象混入物的细微变化和矿物相变等方面都是一种有效的手段。

（三）鉴定和研究矿物的物理—化学方法

当前用于矿物鉴定、研究方面最主要的物理—化学方法有热分析、极谱分析及电渗析等。其中，热分析是一种较为普遍的方法，几乎适用于各类矿物，特别是对黏土矿物、碳酸盐、硫酸盐及氢氧化物的鉴定最为有效。热分析法是根据矿物在不同温度下所发生的脱水、分解、氧化、同质多象转变等热效应特征，来鉴定和研究矿物的一种方法。它包括热重分析和差热分析。

1. 热重分析

热重分析是通过测定矿物在加热过程中的质量变化来研究矿物的一种方法。由于大多数矿物在加热时因脱水而失去一部分质量，故又称失重分析或脱水试验。用热天平来测定矿物在不同温度下所失去的质量而获得热重曲线，曲线的形式决定于水在矿物中的赋存形式和在晶体结构中的存在位置，不同的含水矿物具有不同的脱水曲线。此方法只限于鉴定、研究含水矿物。

2. 差热分析

矿物在连续的加热过程中，伴随物理—化学变化而产生吸热或放热效应。不同的矿物出现热效应时的温度和热效应的强度是互不相同的,而对同种矿物来说,只要实验条件相同,则总是基本固定的。因此,只要准确地测定了热效应出现时的温度和热效应的强度,并和已知资料进行对比,就能对矿物作出定性和定量的分析。

三、矿物的肉眼鉴定方法

矿物的肉眼鉴定是一种简便、迅速而又经济的方法,是地质工作者的基本功之一。矿物的形态——外表特征和矿物的物理性质,乃是肉眼鉴定矿物的两项主要依据,必须学会使用简单的工具,认识、鉴别、描述矿物的这些性质。

肉眼鉴定矿物的大致过程是从观察矿物的形态着手,然后观察矿物的光学性质、力学性质,进而参照其他物理性质或借助于化学试剂与矿物的反应,最后综合上述观察结果,查阅有关矿物鉴定表,即可查出矿物的定名。但对常见矿物的鉴定特征还需要记忆。

现将矿物的形态和主要物理性质描述方法简述如下。

(一) 矿物的形态

1. 理想矿物晶体形态(模型)与实际矿物晶体的观察对比

晶体是内部质点(原子、离子、分子和离子团)在三维空间有规律重复排列(即有序排列)的固体。晶体中各质点间的结合力就是化学键,包括离子键、共价键、金属键。此外,还有分子间的引力。由于质点呈有序排列,晶体内部就具有格子状结构,称为晶体结构。不同晶体,其质点的种类不同,质点的排列方式和间距不同,因而具有不同的晶体结构。由于内部质点排列规则,故在生长条件良好(速度缓慢且有足够生长空间)的情况下,它们能长成规则的几何多面体外形。包围晶体的平面称晶面。几何多面体的外形就是格子构造在宏观上的反映。如,石盐 $NaCl$ 常呈立方体,白云石 $CaMg(CO_3)_2$ 常呈菱面体,磁铁矿 Fe_3O_4 呈八面体;它们分别由 6 个正方形的晶面,6 个菱形的晶面,8 个等边三角形的晶面构成的。多数矿物晶体是由几何不同形状和大小的晶面聚合而成的,如普通角闪石、普通辉石。

通过观察和对比以下矿物,认识晶面条纹。

矿物名称	理想晶体形态	晶面条纹
黄铁矿	立方体、五角十二面体	平行条纹
石英	三方双锥柱状	柱面上有横条纹
方解石	菱面体	平行长对角线的条纹
石榴石	菱形十二面体、四角三八面体	平行长对角线的条纹

值得注意的是,晶面条纹对某些矿物具有重要的鉴定意义。晶面条纹具有原生和次生之分,原生的晶面条纹是在晶体生长过程中形成的,如聚形条纹、生长锥;次生的晶面条纹是晶体形成后受溶蚀而成的,如蚀象。

2. 晶体习性

矿物的单体生长习性按矿物单体的三度空间发育程度和延伸情况的不同,分为以下三种类型。

① 向延长包括纤维状(如:石膏、石棉)和长柱状(如:辉锑矿、普通角闪石、辉石)。

② 二向延长包括板状(如:硬石膏、正长石)、片状(如:黑云母、白云母)和鳞片状(如:绿泥石、石墨)。

③ 三向延长——粒状(如:橄榄石、石榴石、黄铁矿)。

3. 矿物集合体的形态

(1) 显晶质集合体形态

柱状集合体:由一向延长的单体呈不规则排列而成,如红柱石。

放射状集合体:单体呈一向延长并围绕一个中心呈放射状排列而成,如阳起石。

板状集合体:由二向延长、呈板状的单体任意排列而成,如重晶石。

粒状集合体:由许多粒状单体任意集合而成,如橄榄石。

(2) 隐晶质和胶状集合体形态

结核体 ⎰ 结核状:磷灰石
　　　 ⎨ 鲕状:赤铁矿
　　　 ⎱ 豆状:铝土矿

分泌体 ⎰ 晶腺:玛瑙
　　　 ⎱ 杏仁体状:安山岩气孔中的浮石、石英、方解石

钟乳状体 ⎧ 钟乳状:钟乳石
　　　　 ⎪ 葡萄状:闪锌矿、孔雀石、赤铁矿
　　　　 ⎨ 肾状:赤铁矿
　　　　 ⎪ 土状:高岭土
　　　　 ⎩ 致密状:蛇纹石

注意事项:

① 要根据标签揭示的内容进行认真的观察和记录。

② 观察集合体形态,应首先确定集合体中的矿物是显晶质还是隐晶质或胶体,然后按各自的特点描述其集合体形态。显晶质集合体要从单体习性着手。同种矿物单体在不同方位的断面可呈现不同的几何形态,因此必须多看、多分析,统计后才能确定单体的形态,进而才能观察其集合方式。

(二)矿物的光学性质

1. 颜色

矿物的颜色极为复杂,有时很难描写,往往因人而异。但对颜色的描述应力求确切、简明、通俗,使人易于理解。一般常用的矿物颜色命名法,除用日光七色光光谱(红、橙、黄、绿、青、蓝、紫)外,多与常见矿物的颜色作对比来进行描述。下列矿物的颜色比较稳定,常用来作为比较的标准:

紫色——紫水晶	锡白色——毒砂
蓝色——蓝铜矿	铅灰色——方铅矿
绿色——孔雀石	钢灰色——镜铁矿
黄色——雌黄	铁黑色——磁铁矿
橙色——雄黄	铜红色——自然铜
红色——辰砂	铜黄色——黄铜矿
褐色——褐铁矿	金黄色——自然金

上述标准远远不能包括自然界矿物千变万化的色调,因而有时以复合两种标准色谱来描述矿物的颜色。例如,黄铁矿为淡铜黄色,说明其色较铜黄色淡;绿帘石为黄绿色,说明它以绿

色为主,绿中带黄;蔷薇辉石为玫瑰红色,说明其红色和玫瑰的颜色相似。

根据呈色的原因与矿物本身的关系,可将矿物的颜色分为自色、他色和假色三类。

自色——指矿物自身所固有的颜色。自色的产生,都与矿物本身的化学成分和内部构造直接有关。如果是色素离子引起呈色,那么,这些离子必须是矿物本身固有的组分(包括类质同象混入物),而不是外来的机械混入物。对于一种矿物来说,自色总是比较固定的,在鉴定矿物上具有重要的意义。

他色——指矿物由于外来带色杂质的机械混入所染成的颜色。他色中的色素离子存在于机械混入物中,而不是矿物本身所固有的组分。显然,他色的具体颜色将随混入物组分的不同而异。因此,矿物的他色不固定,一般不能作为鉴定矿物的依据。

假色——指由于某种物理原因所引起的颜色,而且这种物理过程的发生,不直接决定于矿物本身所固有的化学成分或内部构造。例如,斑铜矿的新鲜面上本是暗铜红色,但由于其氧化表面上的薄膜的影响,造成了紫蓝混杂的斑驳色彩。又如,白云母、方解石等具完全解理的透明矿物,由于一系列解理裂缝、薄层包裹体表面对入射光层层反射所造成的干涉现象的结果,可呈现如同彩虹般的不同色带所组成的晕色,它常常呈现同心环状的色环。晕色也属于假色。假色只对特定的某些矿物具有鉴定意义。

此外,在颜色描述过程中,还应注意:

(1)区分金属色和非金属色两类不同颜色。以表面反射光为主产生的颜色为金属色,具金属色的矿物为不透明或基本不透明;以透射光为主产生的颜色为非金属色,具非金属色的矿物透明或半透明。在上列颜色标准中,左边7种为非金属色,右边7种为金属色。描述矿物时不能乱用。有的矿物在不同情况下颜色不同,如赤铁矿 Fe_2O_3 为微透明矿物(当厚度为几微米时,能显著地透过红光)。其片状大晶体完全不透明,具钢灰色金属色;但其隐晶质集合体(鲕状、肾状、土状……)则呈暗红——砖红色,为非金属色。因为它的微粒可以透过红光。

(2)必须注意描述单矿物的新鲜面的颜色。风化面的颜色也可描述,但应加说明。例如,毒砂的表面颜色为淡铜黄色,但新鲜面是锡白色,不能含混地描述为"毒砂为淡铜黄色"。

矿物的颜色对初学者来说,往往不能确切地描述,但通过反复实践,就能逐步地掌握,并用以鉴定矿物。

2. 条痕

矿物在无釉瓷板上摩擦时所留下的粉末的颜色。矿物的条痕可以与其本身的颜色一致,也可不一致。如,方铅矿的颜色是铅灰色,条痕却是黑色;斜长石的颜色是白色,条痕也是白色。矿物的条痕可以消除假色,减弱他色,故矿物条痕的颜色较为固定。大多数浅色透明矿物的条痕为无色或白色,对矿物鉴定意义不大,但对不透明的金属矿物具有鉴定意义。值得注意的是,不是所有矿物都有条痕,摩氏硬度大于等于7的矿物没有条痕。

3. 光泽

矿物受光线(日光)照射后,在其表面(晶面、解理面)所具反射光的能力称矿物光泽。矿物反射光的强弱,与物质本身对光的折射和吸收程度密切相关,折射和吸收越强的反射也越强,折射率越大,反射率越大。不透明矿物折射率大,都呈金属光泽;透明矿物折射率小,都呈玻璃光泽。通过化学键性判断,具金属键的矿物受光线照射,引发内部电子激发,产生电子跃迁,吸收较多的光波,导致反射增强显示金属光泽。离子键、共价键的矿物,吸收少,反射弱。

矿物的光泽决定于矿物新鲜表面反光的强弱,又随光源强弱、矿物表面性质(面积大小、平滑程度、风化影响等)、颜色透明度及集合体方式等因素而变化,因此鉴定矿物光泽要选面积较大、较平滑和新鲜表面。矿物的光泽分为四级,一般确定光泽等级是将未知矿物与已知光泽之标准矿物进行对比,另外,条痕色可帮助区别矿物光泽:

金属光泽——反射光很强,如同金属表面闪烁的光芒,如方铅矿、黄铜矿、辉钼矿。条痕黑色或金属色,一般颜色较深(金、铜等例外)、透明度较差。

半金属光泽——反射光强如同金属表面的亮光,多出现在黑色金属矿物表面,如磁铁矿、铬铁矿、赤铁矿。条痕彩色、深褐或深棕红色,磁铁矿、软锰矿例外,条痕黑色。

金刚光泽——反射光较强,灿烂耀眼,标准的金刚石状光泽,如钻石、锡石、闪锌矿、辰砂和白铅矿。条痕彩色,一般见于浅色。

玻璃光泽——反射光较弱,标准的玻璃状光泽,透明矿物基本均属玻璃状光泽,如蓝宝石、祖母绿、石英、方解石和萤石。条痕白色或浅彩色,透明度较好。

由于矿物表面性质和矿物集合体的集合方式对光线的影响,光线照射矿物表面后,光线呈散射状、内反射或在不平坦表面产生如下几种特殊光泽。

油脂光泽:具玻璃光泽的矿物,由于散射原因减弱了表面反射光能力,表面像涂了一层油似的,如霞石、石英。

松脂光泽:光泽如同松香状,在颜色较深的矿物中,如黄褐色的闪锌矿、镉闪锌矿的断口处光泽,具金刚光泽矿物的断口处光泽。

沥青光泽:标准光泽如同沥青矿物,多出现在黑色半金属光泽矿物。

珍珠光泽:标准光泽如同蚌壳内侧闪光晕彩,具完全解理的透明矿物,如珍珠、白云母、透石膏。

丝绢光泽:结晶呈纤维状鳞片状集合体的透明矿物,如同蚕丝束状,是玻璃光泽变种,如纤维石膏、绢云母、石棉。

蜡状光泽:光泽如同蜡烛表面,多出现在隐晶质、显微粒、胶体矿物中,是玻璃光泽变种,如叶腊石、蛇纹石、玉髓和蛋白石。

土状光泽:出现在松散、多孔、细分散状矿物中,是玻璃光泽变种,如高岭土、膨润土、硅藻土。

用人为方法严格划分光泽等级是困难的,要多观察、慢慢体会、逐步掌握。

4. 透明度

矿物的透明度就是指矿物透过可见光波的能力。透明度决定于矿物对光线的反射与吸收程度,吸收越强,反射越强,透过越少,透明度越低。离子键、共价键矿物由于内部不具自由电子,因此对光的吸收弱,透过的光多,矿物越透明。晶体光学中,将磨制的厚度为 0.03mm 岩石薄片放在透射偏光显微镜下观察,透光的矿物为透明矿物,反之为不透明矿物。对矿物进行肉眼鉴定观察时,通常以观察矿物碎块边缘,隔之可清晰见到对面物象的为透明,模糊为半透明,看不见为不透明。如为深色矿物,对光观察,矿物中心部位的颜色明亮程度与矿物边缘不同的矿物为半透明矿物;没有差异为不透明矿物。鉴定矿物透明度时,常常用矿物的条痕来配合:透明矿物的粉末无色或白色;半透明矿物,由于呈粉末状态时更有条件显示出对不同光波吸收的差异程度,而呈各种彩色(例如红、黄和褐色等);对于不透明矿物来说,其条痕常为黑色。杂色、裂隙、包裹体、颜色和集合体方式都能影响透明度。

(三) 矿物的力学性质

1. 解理与断口

矿物晶体受力后常沿一定结晶学方向破裂并产生光滑平面的性质称为解理。裂开的光滑平面为解理面;不具方向性的不规则破裂面,称为断口。解理面一般平行于晶体格架中质点最紧密,联结力最强的面。因为垂直这种面的联结力较弱,晶粒易于平行此面破裂。相对来说,面与面之间的联结力最弱。不同的晶质矿物,由于内部构造不同,在受力作用后开裂的难易程度、解理数目以及解理面的完全程度会有差别。依据解理的完全程度,可将解理分为以下几种:

(1) 极完全解理——受力后极易沿解理面分裂成薄片,解理面大而平整光滑,如黑云母。

(2) 完全解理——受力后沿解理面分裂,解理面显著且平滑,难见断口。如方解石。

(3) 中等解理——受力后常沿解理面分裂,解理面清楚,但不很平滑。碎块可见小面,断口不平,呈阶梯状;常不连续,例如辉石。

(4) 不完全解理——受力后沿解理面分裂较为困难,仅断续见到不明显的解理面,解理面不平滑,碎块难见小面,断口贝壳状,不平,例如橄榄石。

后二者难分,有时可写成中等一不完全解理。

完全和极完全解理的解理面,易与晶面混淆,区别方法如表1所示。

表 1

晶面	解理面
①面上常有花纹,不平整,有时较暗淡。	①无花纹,平整、光亮。
②锤击之晶面破碎,无平面出现(如解理面与晶面方向一致时例外)	②用锤击之,在平行解理面的方向仍出现平滑的面

矿物解理的完全程度和断口是相互消长的,解理完全时,则断口不显。反之,解理不完全或无解理时,则断口显著。如石英晶体受力后,只会出现贝壳状的断口。

2. 硬度

矿物硬度指矿物抵抗外来机械作用力(如刻画、压入、研磨等)侵入的能力。

在矿物学中所称的硬度,通常多是指摩氏硬度,即矿物与摩氏硬度计相比较的刻划硬度。1822年,德国矿物学家 Friedrich Mohs 提出用10种矿物来衡量物体相对硬度,即摩氏硬度,由软至硬分为十级:①滑石;②石膏;③方解石;④萤石;⑤磷灰石;⑥正长石;⑦石英;⑧黄玉;⑨刚玉;⑩金刚石。各级之间硬度的差异不是均等的,等级之间只表示硬度的相对大小。利用摩氏硬度计测定矿物硬度的方法很简单。将预测矿物和硬度计中某一矿物相互刻划,如某一矿物能划动方解石,说明其硬度大于方解石,但又能被萤石所划动,说明其硬度小于萤石,则该矿物的硬度为3到4之间,可写成3~4。

在野外工作中,常可借助指甲(2.5)、小刀(5.5~6)和石英测试矿物的摩氏硬度。污手的为1,不污手而指甲能划动者为2,指甲划不动而刀刻极易者为3,刀刻中等者为4,刀刻费力者为5,刀刻不动而石英能刻动为6,石英为7。

硬度常因集合方式及后期变化而降低,所以刻划时要先找到矿物的单体及新鲜面。风化、裂隙、杂质以及集合体方式等因素会影响矿物的硬度。风化后的矿物硬度一般会降低。有裂隙及杂质的存在,会影响矿物内部连接能力,也会使硬度降低。集合体如呈细粒状、土状、粉末状或纤维状,则很难精确确定单体的硬度。因此测试矿物硬度要尽量在颗粒大的单体的新鲜面上进行。有时某些矿物具明显脆性,当它被小刀刻化时极易碎裂成小粒脱落,这并非表示该矿物的硬度小于小刀。

有时在同一矿物的相同晶面的不同方向上,会测定出不同的硬度数值,这就是矿物晶体的硬度的异向性。由于在同一截面上,不同方向的行列中质点排列的密度不同,沿着质点排列紧密的行列刻划较为容易,而垂直质点排列紧密的行列刻划则较为困难。最典型的例子是蓝晶石,其$\{100\}$的晶面上沿 c 轴和 b 轴方向的硬度分别为 4.5 和 6。

以上为矿物的相对硬度,也可以磨制矿物光片,用显微硬度计测定矿物的绝对硬度。同济大学地质工程专业实验室目前使用的是 MHV2000 型数显显微硬度计。该硬度计可以测定矿物的维氏硬度和克氏硬度(又称努氏硬度、克努普硬度、努普硬度)。

维氏硬度 HV 试验原理:以 $49.03\sim980.7N$ 的负荷,将相对面夹角为 $136°$ 的方锥形金刚石压入矿物表面,保持规定时间后,用测量压痕对角线长度,再按公式来计算硬度的大小。它适用于较大工件和较深表面层的硬度测定。维氏硬度 HV 的计算公式为:

$$HV = 0.102 \times \frac{F}{S} = 0.102 \times \frac{2F\sin\frac{\alpha}{2}}{d^2} \qquad (1\text{-}1)$$

式中　$F=$ 负荷(N);

　　　$S=$ 压痕表面积(mm^2);

　　　$\alpha=$ 压头相对面夹角 $=136°$;

　　　$d=$ 平均压痕对角线长度(mm)。

报告维氏硬度值的标准格式为 $xHVy$。例如 $185HV5$ 中,185 是维氏硬度值,5 指的是测量所用的负荷值。

努氏硬度 HK 试验原理:将顶部两棱之间的 α 角为 $172.5°$ 和 β 角为 $130°$ 的棱锥体金刚石压头用规定的试验力压入矿物表面,经一定的保持时间后卸除试验力。试验力除以试样表面的压痕投影面积之商即为努氏硬度。计算公式如下:

$$HK = 0.102 \times \frac{F}{S} = 0.102 \times \frac{F}{cd^2} \approx 1.451 \times \frac{F}{d^2} \qquad (1\text{-}2)$$

式中　HK——努氏硬度符号;

　　　F——试验力(N);

　　　S——压痕投影面积(mm^2);

　　　d——压痕长对角线长度(mm);

　　　c——压头常数,与用长对角线长度的平方计算的压痕投影面积有关。

进行维氏硬度和克氏硬度试验时,应详细阅读硬度计使用说明书和注意事项。

3. 密度与相对密度

密度是矿物单位体积的质量,是矿物质量与体积的比值,用 ρ 表示,公式为 $\rho=m/V$,m 为天然状态下矿物的质量,V 为体积。相对密度(比重)是矿物在空气中的重量与同体积的 $4℃$ 的纯水重量之比。相对密度是一个无量纲的物理量。矿物的相对密度变化很大,一般自然金属元素矿物相对密度大,而盐类矿物相对密度较小。矿物的相对密度主要取决于它的化学组成和晶体结构:当矿物晶体结构类型相同时,矿物的密度随所含元素的原子量的增加而增大,随原子或离子半径的增大而减小;在原子量和原子(或离子)半径相同或相近时,晶体结构越紧密的矿物其密度也越大。

矿物的相对密度可分为三级:

(1)轻级。密度在 2.5 以下,如石盐、石膏、石墨等。

（2）中级。密度在 2.5～4 之间，如石英、白云石、正长石等。

（3）重级。密度在 4 以上，如磁铁矿、黄铁矿、重晶石和方铅矿等。

在肉眼鉴定中，通常用手掂量来估计矿物的相对密度等级。较准确估计需要有相当丰富的经验，初学者应对照已知矿物，反复掂量练习。

（四）矿物的其他物理性质

1. 矿物的电学性质

（1）导电性

矿物对电流的传导能力为矿物的导电性。一般来说，金属矿物是电的良导体；非金属矿物是电的不良导体。软锰矿、黄铁矿、磁铁矿、辉铜矿、方铅矿和石墨为良导体；重晶石、刚玉、蓝晶石、石榴石、橄榄石、透辉石、萤石和透闪石为电的不良导体。

（2）压电性

矿物晶体当受到定向压力或张力的作用时，能使晶体垂直于应力的两侧表面上分别带有等量的相反电荷的性质。若应力方向反转时，则两侧表面上的电荷易号。矿物在力的作用下产生形变，引起其表面带电，这是正压电效应。反之，施加激励电场，矿物将产生机械变形，称逆压电效应。这种奇妙的效应已经被应用在与人们生活密切相关的许多领域，以实现能量转换、传感、驱动和频率控制等功能。水晶、电气石等单晶体就具有压电性。

（3）焦电性

焦电性是指某些电介性矿物晶体被加热或冷却时，在特定结晶学方向的两端表面产生相反电荷的性质。方硼石、石英、电气石等矿物具有焦电性。

压电性和焦电性是晶体因应力作用或热胀冷缩，晶格发生变形，导致正、负电荷的中心偏离重合位置，引起晶体极化而荷电的现象。因此，压电性和焦电性都只见于无对称中心而有极轴（两级无对称关系）的极性介电质晶体中。显然，具有焦电性的晶体必有压电性，反之则未必。

2. 矿物的磁性

在外磁场的作用下，矿物被外磁场吸引、排斥以及被磁化的矿物对外界产生磁场，称为矿物的磁性。根据矿物比磁化系数的大小，可以把所有的矿物分为以下几类：

（1）强磁性矿物

表现为可用普通马蹄磁铁吸引。主要有：磁铁矿、磁赤铁矿（γ—赤铁矿）、钛磁铁矿、磁黄铁矿和锌铁尖晶石等。这类矿物大都属于亚铁磁质。

（2）中等磁性矿物

表现为用普通马蹄磁铁不能吸引，而能用弱电磁铁吸引。属于这类矿物仅有钛铁矿及假象赤铁矿等。

（3）弱磁性矿物

表现为用强电磁铁才能吸引。主要有：大多数铁锰矿物——赤铁矿、镜铁矿、褐铁矿、菱铁矿、水锰矿、软锰矿、硬锰矿及菱锰矿等；一些含铬、钨矿物——铬铁矿和黑钨矿等；部分造岩矿物——黑云母、角闪石、绿帘石、绿泥石、蛇纹石、橄榄石、拓榴石及辉石等。

（4）非磁性矿物

表现为强电磁铁也不能吸引。主要有：部分金属矿物——辉铜矿、方铅矿、闪锌矿、辉锑矿、白钨矿、锡石和金等。大部分非金属矿物——硫、煤、方解石等。所谓非磁性矿物并非绝对没有磁性,只是极小而已。

在实验室,同学们可以用 U 型磁铁来探测矿物是否有磁性。

有些矿物尚可借助其他物理性质:弹性、挠性、延展性、可塑性、导热性、吸水性、热膨胀、发光性、放射性、染色性和熔点等来鉴定。

（五）矿物与化学试剂的反应

在进行矿物鉴定时,可利用化学反应现象来识别一些矿物。将钼酸铵粉末置于磷灰石上,加硝酸,可生成黄色磷钼酸铵,用以快速试磷。方解石遇盐酸出现剧烈起泡;而白云石晶体遇盐酸没有明显气泡,但其粉末遇盐酸会剧烈起泡,据此可区分方解石和白云石。

（六）矿物的系统鉴定

以上为矿物肉眼鉴定的方法,但对矿物较为准确的鉴定,常常需要磨制岩石薄片或光片在偏光或反光显微镜下进行,偏光显微镜鉴定的具体方法请参阅附篇:矿物的光学显微镜鉴定方法。

四、矿物的分类

矿物学依据矿物的成分和结构,将无机矿物分为以下五大类(潘兆橹,1985)。

第一大类:自然元素类。

  第一类　自然金属:金、银、铜、铂、锇族。

  第二类　自然半金属:砷、锑、铋族。

  第三类　自然非金属:硫、金刚石、石墨族。

第二大类:硫化物类。

  第一类　简单硫化物:辉铜矿、辉银矿、黄铜矿、方铅矿、闪锌矿、辰砂、斑铜矿、磁黄铁矿、镍黄铁矿、辉锑矿、铜蓝、雌黄、雄黄、辉钼矿。

  第二类　复硫化物:黄铁矿、白铁矿、辉砷钴、毒砂。

  第三类　硫盐:黝铜矿-砷黝铜矿、硫砷银矿、硫锑银矿、硫锑铅矿。

第三大类:氧化物类和氢氧化物类。

  第一类　氧化物:赤铜矿、刚玉、金红石、晶质铀矿、石英、尖晶石、铌钽铁矿、易解石、黑稀金矿、烧绿石、赭石、褐钇铌矿。

  第二类　氢氧化物:水镁石、硬水铝石、一水软铝石、三水铝石、针铁矿、纤铁矿、水锰矿、硬锰矿。

第四大类:含氧盐类。

  第一类　硅酸盐类。

(1)岛状结构硅酸盐:锆石、橄榄石、石榴石、硅镁石、红柱石、蓝晶石、黄玉、十字石、榍石、异极矿、符山石、绿帘石、绿柱石、电气石。

(2)链状结构硅酸盐:辉石、角闪石、矽线石族。

(3)层状结构硅酸盐:滑石、叶腊石、白云母、黑云母、伊利石、蛭石、绿泥石、高岭石、蛇纹石、蒙脱石、葡萄石。

(4)架状结构硅酸盐:透长石、正长石、微斜长石、斜长石、霞石、白榴石、方腊石、日光榴石、方柱石、沸石。

  第二类 硼酸盐类：硼砂、钠硼石、硼镁石、硼镁铁矿、方硼石。

  第三类 磷酸盐、砷酸盐、钒酸盐：独居石、磷灰石、磷铝石、臭葱石、绿松石、蓝铁矿，铀云母。

  第四类 乌酸盐、钼酸盐：钨锰铁矿、白钨矿、钼铅矿。

  第五类 硫酸盐：重晶石、石膏、芒硝、明矾石、胆矾。

  第六类 碳酸盐：方解石、白云石、文石、孔雀石。

  第七类 硝酸盐：钠硝石。

  第五大类：卤化物类。

  萤石、氟镁石、石盐、钾盐、光卤石。

五、常见矿物的肉眼鉴定特征

1. 自然金（Au）

  等轴晶系，可以呈树枝状、粒状、片状和块状集合体，一种产自脉矿或砂矿的自然金块，因形状酷似狗的头形，又名狗头金。颜色和条痕均为金黄色。具金属光泽，摩氏硬度 2.5～3.0，延展性强，相对密度 15.6～19.3。具有极好的导电、导热、抗强酸及强延展等性能。

2. 自然铂（Pt）

  等轴晶系，晶体成立方体，但相当罕见，在自然界主要以粒状或鳞片状集合体产出，少数集结成不规则的大矿块。锡白色，表面一般带浅黄色，条痕烟灰色—银白色。无解理。断口锯齿状。相对密度 21.45。摩氏硬度 4～5，富延展性。

3. 自然硫（S）

  斜方晶系，晶体常呈菱方双锥状或厚板状，常呈不规则块体产出。晶形很少见，通常呈致密块状、粒状、条带状、球状和钟乳状集合体。自然硫为淡黄色、棕黄色，有杂质时颜色带红、绿、灰和黑色等。条痕为白—黄白色，透明—半透明状，树脂—金刚光泽。摩氏硬度为 1～2，相对密度为 2.05～2.08；性脆，解理不完全，断口贝壳状，具弱导电、传热性。燃烧时发青蓝色火焰，并有刺鼻硫磺味。耐腐蚀。

4. 金刚石（C）

  等轴晶系，常见晶形有八面体、菱形十二面体、立方体、四面体和六八面体等。颜色取决于纯净程度、所含杂质元素的种类和含量，极纯净者无色，一般多呈不同程度的黄、褐、灰、绿、蓝、乳白和紫色等；纯净者透明，含杂质的半透明或不透明；在阴极射线、X 射线和紫外线下，会发出不同的绿色、天蓝、紫色和黄绿色等色的荧光；在日光曝晒后至暗室内发淡青蓝色磷光；金刚光泽，少数油脂或金属光泽，高折射率，一般为 2.40～2.48。按现代科学设计的款式磨出来的钻石，能将表面以及射入内部的光全部反射出来，使整个钻石闪烁耀眼的光芒。钻石的色散很大，色散率为 0.044，对于不同波长的单色光，折射率差别很大，白光射入磨好的钻石中时，因折射率不同，将使颜色的单色光分开，呈现五颜六色的闪光，显得异常美观。解理{111}中等、{110}不完全，贝壳状断口。相对密度 3.47～3.56，硬度 10，热导率高，一般为 136.16W/(m·k)。金刚石化学性质稳定，具有耐酸性和耐碱性。

5. 石墨（C）

  六方晶系，它的结晶格架为六边形层状结构，完好晶体少见，一般为鳞片状或致密块状、土状。铁黑色至钢灰色;条痕光亮黑色;金属光泽;不透明。解理平行{0001}极完全;摩氏硬度1~2,性软,有滑腻感,易污染手指。相对密度2.09~2.23。具良好的导电性。

6. 辉铜矿(Cu_2S)

斜方晶系,晶体极少见,柱状或厚板状,通常为致密块状和粉末状。新鲜面铅灰色,风化表面为黑色,常带锖色;条痕暗灰色;金属光泽;不透明。解理平行{110}不完全;摩氏硬度2.5~3.0,相对密度5.5~5.8。略具延展性。

7. 方铅矿(PbS)

等轴晶系,晶体常呈立方体或八面体状,集合体通常为致密块状和粒状。铅灰色,条痕黑色;金属光泽;不透明。有平行{100}三组完全解理,解理面相互垂直,摩氏硬度2.0~3.0,相对密度7.4~7.6。具弱电性。有Pb的被膜反应,溶于HNO_3,并有$PbSO_4$白色沉淀。

8. 闪锌矿(ZnS)

等轴晶系,晶体常呈菱形十二面体或立方体,集合体通常为粒状或胶状。纯闪锌矿近于无色,但通常因含铁而呈浅黄、黄褐、棕甚至黑色,随含铁量的增加而变深;透明度相应地由透明、半透明至不透明;光泽则由金刚光泽、树脂光泽变至半金属光泽。具平行{110}的六组完全解理;摩氏硬度3.5~4.0,相对密度3.9~4.2,随铁含量的增高,硬度增大而比重降低。具完全的菱形十二面体解理。不导电。闪锌矿是分布最广的锌矿物,主要为热液成因,几乎总是与方铅矿共生。闪锌矿在地表易风化成菱锌矿。

9. 辰砂(HgS)

三方晶系,单晶主要呈菱面体状,一般为粒状或块状集合体,呈颗粒状或块片状。鲜红色或暗红色,条痕红色至褐红色,具金刚光泽,半透明。有平行{1010}三组完全解理;摩氏硬度2~2.5。相对密度8.0~8.2。性脆,不导电,有毒性。将辰砂粉末用盐酸湿润后,在光洁的铜片上摩擦,铜片表面显银白色光泽,加热烘烤,银白色消失。

10. 黄铜矿($CuFeS_2$)

四方晶系,晶体相对少见,为四面体状;多呈不规则粒状及致密块状集合体,也有肾状、葡萄状集合体。黄铜黄色,表面常有蓝、紫褐色的斑状锖色。绿黑色条痕,金属光泽,不透明。无解理。具导电性。摩氏硬度3~4,性脆。相对密度4.1~4.3。

11. 辉锑矿(Sb_2S_3)

斜方晶系,晶体常见呈尖顶的长柱状,柱面具纵条纹。集合体呈针状、束状或放射状。铅灰色,条痕灰黑色,金属光泽,不透明。平行{010}板面解理完全,解理面现平行横纹。摩氏硬度2.0~2.5,相对密度4.51~4.66。性脆。

12. 雌黄(As_2S_3)

单斜晶系,单晶体呈板状或短柱状,集合体呈片状、肾状、土状等。柠檬黄色,条痕鲜黄色,油脂光泽至金刚光泽,薄片透明。板状解理极完全,解理面为珍珠光泽。摩氏硬度1.0~2.5,相对密度3.4~3.5。薄片具挠性。

13. 雄黄(AsS)

单斜晶系,单晶体呈细小的柱状、针状,但少见;通常为致密粒状或土状块体。呈橘红色,条痕呈浅橘红色,晶面为金刚光泽,断口为松脂光泽,透明—半透明。平行{010}完全解理,摩氏硬度1.5~2,相对密度3.5~3.6。性脆,熔点低。用炭火加热,会冒出有蒜臭味的三氧化二砷白烟。阳光下久照发生破坏,转化为红黄色粉末。

14. 辉钼矿（MoS_2）

六方晶系，晶体呈六方板状，通常多以片状、鳞片状或细小分散粒状产出。辉钼矿呈铅灰色，条痕呈黄绿色，强金属光泽，不透明。具完全的底面解理，摩氏硬度 1.0～1.5，相对密度 4.7～5.0。薄片具有挠性，有油腻感。

15. 黄铁矿（FeS_2）

等轴晶系，单晶常呈立方体，集合体为致密块状，浸染粒状；黄铜色，表面带黄褐的锈色；条痕绿黑色，金属光泽；不透明。无解理，断口参差状；性脆，摩氏硬度 6.0～6.5，相对密度 4.9～5.2。单晶常有晶面条纹。

16. 毒砂（FeAsS）

单斜晶系，晶体呈柱状，集合体成粒状或致密块状。锡白色或钢灰色，条痕灰黑色，金属光泽，不透明；解理{101}不完全，摩氏硬度 5.5～6，相对密度 5.9～6.3。敲击时发出蒜臭味。

17. 刚玉（Al_2O_3）

三方晶系，晶形常呈完好的六方柱状或桶装，柱面上常发育斜条纹或横纹，底面上有时可见三角形裂开纹；集合体呈粒状。纯刚玉无色透明，但通常刚玉的颜色多种多样，是由刚玉中所含的微量杂质造成的。宝石学上将含有微量 Cr_2O_3，呈粉红色刚玉称为红宝石，而含有其他元素的各色刚玉称为蓝宝石。玻璃光泽—金刚光泽，透明—半透明。无解理，摩氏硬度 9，相对密度 3.95～4.10。有耐高温、耐腐蚀、高强度等性能。

18. 赤铁矿（Fe_2O_3）

三方晶系，晶体常呈板状；集合体通常呈片状、鳞片状、肾状、鲕状、块状或土状等。呈红褐、钢灰至铁黑等色，条痕均为樱红色，金属至半金属光泽，不透明。呈铁黑色、金属光泽、片状的赤铁矿称为镜铁矿；呈钢灰色、金属光泽、鳞片状的称为云母赤铁矿；呈红褐色土状而光泽暗淡的称为赭石，而以"赭石"泛指赤铁矿。无解理，摩氏硬度 5.0～6.0，相对密度 5.0～5.3。

19. 金红石（TiO_2）

四方晶系，常具完好的四方柱状或针状晶形，集合体呈粒状或致密块状。暗红、褐红、黄或橘黄色，富铁者呈黑色；条痕黄色至浅褐色。金刚光泽，铁金红石呈半金属光泽。性脆，平行{110}解理完全，摩氏硬度 6～6.5，相对密度 4.2～4.3。富含铁、铌、钽者密度增大，高者可达 5.5 以上。能溶于热磷酸，冷却稀释后加入过氧化钠可使溶液变成黄褐色（钛的反应）。

20. 石英（SiO_2）

三方晶系，晶体常呈柱状，常发育成单晶并形成晶簇，或成致密块状或粒状集合体。隐晶质的石英称为石髓（玉髓），常呈肾状、钟乳状及葡萄状等集合体。纯净的石英无色透明，称为水晶。石英因含杂质可呈各种色调。例如含 Fe^{+3} 呈紫色者，称为紫水晶；含有细小分散的气态或液态物质呈乳白色者，称为乳石英；具有多色环状条带的石髓称为玛瑙。玻璃光泽，断口呈油脂光泽。无解理，贝壳状断口；摩氏硬度 7，相对密度 2.65。具压电性。

21. 尖晶石（$MgAl_2O_4$）

等轴晶系，常呈八面体晶形，有时八面体与菱形十二面体、立方体成聚形。绝对纯的尖晶石是无色的，由于含有不同的元素，不同的尖晶石可以有不同的颜色，从近于无色到各种色调的橙色和粉红色、红色，淡蓝到深蓝、深蓝绿和黑色。如镁尖晶石在红、蓝、绿、褐或无色之间；锌尖晶石则为暗绿色；铁尖晶石为黑色等。玻璃至金刚光泽，透明至半透明。无解理；摩氏硬度 8，相对密度 4.0～4.6。

22. 磁铁矿(Fe_3O_4)

等轴晶系,晶体常呈八面体和菱形十二面体,集合体通常致密粒状块体。黑色;条痕为黑色;金属光泽,不透明;摩氏硬度5.5～6.0;无解理;相对密度4.9～5.2;具强磁性,在菱形十二面体的菱形晶面上常具平行于该面长对角线方向的条纹。

23. 铝土矿

铝土矿实际上是以三水铝石、二水铝石、一水软铝石或一水硬铝石为主要矿物所组成的矿石的统称。单斜晶系,晶体呈假六方板状,极少见。集合体呈放射纤维状、鳞片状、皮壳状和钟乳状或鲕状、豆状、球粒状结核或呈细粒土状块体。主要呈胶态非晶质或细粒晶质,白色或因杂质呈浅灰、浅绿、浅红色调。玻璃光泽,解理面珍珠光泽。透明至半透明。解理极完全。摩氏硬度2.5～3.5,相对密度2.30～2.43。具泥土臭味。

24. 锆石($ZrSiO_4$)

四方晶系,晶体呈短柱状,通常为四方柱、四方双锥或复四方双锥的聚形。锆石颜色多样,有无色、紫红、金黄色、淡黄色、石榴红、橄榄绿、香槟、粉红、紫蓝和苹果绿等,一般有无色、蓝色和红色。色散为0.039(高)。光泽为强玻璃光泽至金刚光泽,透明。无解理。摩氏硬度7.5～8.0,相对密度4.4～4.8。

25. 橄榄石(($Ca,Mg,Fe,Mn[SiO_4]$)))

斜方晶系,晶体呈现短柱状或厚板状,但晶形完好者少见,集合体多为不规则粒状。颜色多为橄榄绿、黄绿、金黄绿或祖母绿色,条痕无色。玻璃光泽,透明。无解理,常见贝壳状断口,摩氏硬度6.5～7.0,相对密度3.27～4.37。具脆性,韧性较差,极易出现裂纹。

26. 石榴子石(($Ca,Mg,Fe,Mn)_3Al_2[SiO_4]$)

等轴晶系,石榴子石因应其化学成分成两个固溶体系列:铁铝石榴石系列及钙铁石榴石系列。结晶形态为菱形十二面体,四角三八面体及聚形,晶面可见生长纹。集合体为粒状或块状。石榴石的颜色受成分影响,呈现多种颜色,其中红色系列包括红色、粉色、紫红和橙红;黄色系列包括黄色、橘黄、密黄和褐黄;绿色系列包括翠绿、橄榄绿、黄绿。晶面呈玻璃光泽、亚金刚光泽,断口显油脂光泽。透明至半透明。均质体,不具多色性,没有双折射现象,条痕无色。无解理,摩氏硬度5.6～7.5,相对密度3.5～4.2。具脆性,韧性较差,极易出现裂纹。

27. 红柱石(Al_2SiO_5)

斜方晶系,一般呈柱状晶体,它的断面差不多是四方形。红柱石的晶体聚在一起成放射状或粒状。对于成放射状的红柱石,人们常称作"菊花石",意为它们像菊花的花瓣开放一样。红柱石为粉红色、红色、红褐色、灰白色及浅绿色,具有玻璃光泽。柱面解理中等,摩氏硬度6.5～7.5,相对密度3.15～3.16。红柱石常见于泥质岩和侵入体的接触带,是典型的接触热变质矿物。

28. 蓝晶石(Al_2SiO_5)

三斜晶系,晶体呈扁平的板条状,常呈柱状晶形,可见双晶。有时呈放射状集合体。蓝色、带蓝的白色、青色,条痕白色。玻璃光泽,透明。具{100}完全和{010}中等的两组解理。硬度有明显的异向性,平行晶体伸长方向上摩氏硬度为4.5,垂直方向上为6,相对密度3.53～3.65。

29. 黄玉($Al_2[SiO_4]F_2$)

斜方晶系,黄玉一般呈柱状,柱状晶面上有纵的条纹;集合体为不规则的粒状或块状,颜色有多种多样,一般为黄、蓝、绿、红及褐等浅色,玻璃光泽,透明。解理平行{001}完全,摩氏硬度为8,相对密度3.52～3.57。

30. 十字石$(Fe[OH]_2 \cdot 2Al_2SiO_5)$

斜方晶系,晶体通常粗大,呈短柱状,十字形贯穿双晶常见,故命名十字石,有时也呈粒状产出。棕红、红褐、淡黄褐或黑色,玻璃光泽,不纯净时暗淡无光或呈土状光泽,半透明－不透明。{010}解理中等,参差到贝壳状断口。摩氏硬度7.5,相对密度3.74～3.83。

31. 绿帘石$(Ca_2FeAl_2[SiO_4][Si2O_7]O(OH))$

单斜晶系,晶体为柱状,常发育晶面纵纹;集合体一般为粒状、放射状、晶簇状灰色、黄色、黄绿色和绿褐色,或近于黑色,颜色随含量增加而变深,很少量 Mn 的类质同像替代使颜色显不同程度的粉红色;条痕无色至灰色;透明至半透明;玻璃光泽。{001}解理完全,摩氏硬度6,相对密度3.38～3.49。

32. 绿柱石$(Be_3Al_2[Si_6O_{18}])$

六方晶系,晶体呈六方柱形,柱面有纵纹,晶体可能非常小,但也可能长达几米。纯净的绿柱石是无色的,甚至可以是透明的。但大部分为绿色,也有浅蓝色、黄色、白色和玫瑰色的。绿柱石宝石的几个变种颜色不一,有淡蓝色的(叫海蓝宝石),有深绿色的(叫祖母绿),有金黄色的(叫金色绿柱石),有粉红色的(叫铯绿柱石)等,其中浅蓝绿色的最为常见。玻璃光泽,透明。无解理,摩氏硬度为7.5～8,相对密度为2.6～2.9。

33. 堇青石$((Mg,Fe)_2Al_3[AlSi_5O_{18}])$

斜方晶系,晶体呈短柱状,集合体为粒状、块状。浅至深的蓝、紫、无色及带黄的白色;条痕无色,玻璃光泽,断口油脂光泽,透明－半透明。解理{010}中等,摩氏硬度为7.0～7.5,相对密度为2.53～2.78。性脆。

34. 电气石$(Na(Mg,Fe,Mn,Li,Al)_3Al_6[Si_6O_{18}][BO_3]_3(OH,F)_4)$

三方晶系,晶体呈短柱状,集合体呈棒状、放射状、束针状和致密块状或隐晶质块体。颜色随成分不同而异:富含铁的电气石呈黑色;富含锂、锰和铯的电气石呈玫瑰色,亦呈谈蓝色;富含镁的电气石常呈褐色和黄色;富含铬的电气石呈深绿色。玻璃光泽,透明。无解理,横断面呈球面三角形;摩氏硬度为7.0～7.5,相对密度为3.03～3.25,随着成分中铁、锰含量的增加,密度亦随之增大。具压电性和热电性。

35. 顽火辉石$(Mg_2[Si_2O_6])$

斜方晶系,晶体呈短柱状,横断面成假正方形或八边形,通常呈不规则的粒状。颜色为白色至灰色,富含铁时则呈浅褐色至黄色、绿色,条痕无色;玻璃光泽。{110}两组解理中等,交角87°和93°。摩氏硬度5～6,相对密度为3.2～3.3。

36. 紫苏辉石$((Mg,Fe)_2[Si_2O_6])$

斜方晶系,晶体呈短柱状,横断面成假正方形或八边形,通常呈不规则的粒状。颜色较顽火辉石深,为绿色—绿褐色、褐黑色,条痕无色;玻璃光泽。{110}两组解理中等,交角87°和93°。摩氏硬度5～6,相对密度比顽火辉石大,为3.3～3.5。

37. 透辉石$(CaMg[Si_2O_6])$

单斜晶系,晶体呈短柱状,横断面成假正方形或八边形,通常呈不规则的粒状。颜色可以有白色、灰绿色、褐绿色和黑色;条痕无色至深绿色;玻璃光泽;透明。{110}两组解理中等,交角87°和93°。摩氏硬度5～6,相对密度3.22～3.56。

38. 普通辉石$(Ca(Mg,fe,Ti,Al)[(Si,Al)_2O_6])$

单斜晶系,晶体呈短柱状,横断面近等边的八边形,集合体通常呈不规则的粒状。颜色可以有灰褐、褐色、绿黑色;条痕无色至浅褐色;玻璃光泽;透明。{110}两组解理中等,交角87°

和 93°。摩氏硬度 5.5～6,相对密度 3.23～3.52。

39. 硬玉($NaAl[Si_2O_6]$)

单斜晶系,晶体呈短柱状或板状,但自形晶体少见,多为粒状、毡状或纤维状致密集合体。颜色可以有无色、白色、浅绿色或苹果绿色;条痕无色至浅绿色;玻璃光泽;透明。{110}两组解理中等,交角 87°和 93°。摩氏硬度 6.5,相对密度 3.24～3.43。翡翠是由以硬玉为主的无数细小纤维状矿物微晶纵横交织而形成的致密块状集合体。

40. 硅灰石($Ca_3[Si_3O_9]$)

三斜晶系,晶体板状,通常呈片状、放射状或纤维状集合体。白色微带灰色,条痕无色。玻璃光泽,解理面上珍珠光泽,透明。硬度 4.5～5.0。解理平行{100}完全,平行{001}中等,两组解理面交角为 74°。相对密度 2.75～3.10。完全溶于浓盐酸。吸湿性小于 4%。吸油性低、电导率低、绝缘性较好。

41. 蔷薇辉石($(Mn,Ca)[SiO_3]$)

三斜晶系,晶体为板状或板柱状,晶体的集合体为粒状或块状。浅粉红至玫瑰红色,是由 Mn 引起的;蔷薇辉石表面被氧化后常出现一些黑色,那是锰的氧化物和氢氧化物形成的薄膜。条痕无色,玻璃光泽,透明至半透明。三组解理完全或中等,解理夹角都近于 90°。摩氏硬度 5.5～6.5,相对密度 3.4～3.75。

42. 透闪石($Ca_2Mg_5[Si_4O_{11}]_2(OH)_2$)

单斜晶系,晶体常呈细柱状、纤维状,集合体常呈柱状或放射状。颜色无色、白色至浅灰色,粉红色、浅绿色、褐色和淡紫色,条痕无色。玻璃光泽,纤维状者呈丝绢光泽,透明。两组完全解理,交角为 56°,摩氏硬度 5～6,相对密度 3.02～3.4。软玉是指闪石类(透闪石为主)硅酸盐矿物细小晶体呈纤维状交织在一起构成致密状集合体。中国新疆和田是软玉的重要产地,那里的软玉被人们称为"和田玉"。

43. 阳起石($Ca_2(Mg,Fe^{2+})_5[Si_4O_{11}]_2(OH)_2$)

单斜晶系,晶体为长柱状、针状或放射状。颜色由带浅绿色的灰色至暗绿色,条痕无色。具玻璃光泽,透明至半透明。两组完全解理,交角为 56°,摩氏硬度 5～6,相对密度 3.1～3.3。比较硬脆,也有的略疏松。折断后的断面不平整,断面可见纤维状或细柱状。

44. 普通角闪石($Ca_2Na(Mg,Fe)_4(Al,Fe^{3+})[(Si,Al)O_{11}]_2(OH)_2$)

单斜晶系,晶体呈长柱状,横断面为近似菱形的六边体,晶体的集合体一般为粒状、针状或纤维状。颜色深绿至黑绿色,条痕无色。玻璃光泽,透明至半透明。两组完全解理,交角为 56°,摩氏硬度 5～6,相对密度 3.1～3.3。

45. 矽线石($Al[AlSiO_5]$)

单斜晶系,晶体为柱状或针状,这些晶体聚合在一起常呈纤维状或放射状,具有丝绢光泽或玻璃光泽。白色、灰白色,也可呈浅褐、浅绿、浅蓝色,玻璃光泽或丝绢光泽,板面解理完全。摩氏硬度 6.5～7.5,相对密度 3.23～3.27。矽线石是典型的高温变质矿物,由富铝的泥质岩石经高级区域变质作用而成,产于结晶片岩、片麻岩中;也见于富铝岩石同火成岩的接触带中。

46. 滑石($Mg_3[Si_4O_{10}](OH)_2$)

单斜晶系,微细晶体呈六方或菱形板状,但很少见。滑石一般呈致密块状、叶片状、鳞片状集合体,颜色为白色、灰白色,并且会因含有其他杂质而带各种颜色。条痕白色,玻璃光泽,解理面呈现珍珠晕彩;透明。一组极完全解理,薄片具挠性。摩氏硬度 1,相对密度 2.58～2.83。有滑感,置水中不崩散。无臭、无味,耐热及绝缘性强。

47. 叶蜡石($Al_2[Si_4O_{10}](OH)_2$)

单斜晶系,通常成致密块状、片状或放射状集合体。白色,微带浅黄或浅绿色,半透明。玻璃光泽,致密块状者呈油脂光泽,解理面具珍珠状晕彩,条痕无色。{100}解理完全,隐晶质致密块体具贝壳状断口;硬度1.5;相对密度2.65~2.90;具油脂感;薄片能弯曲但无弹性。纯叶蜡石为白、灰、黄色调,有蜡光,手摸具有滑腻的感觉。在中国,它的另一个名字广为人知,那就是寿山石(或青田石、昌化石)。

48. 白云母($K\{Al_2[AlSi_3O_{10}](OH)_2\}$)

单斜晶系,通常呈板状或片状,外形成假六方形或菱形。柱面有明显的横条纹。在天然环境下常呈板状假六面形晶体、片状或鳞片状。颜色从无色到白色,有时也会呈绿色、棕色等,条痕为无色。玻璃光泽,解理面上现珍珠光泽,透明。具有一组极完全节理。摩氏硬度2~3,相对密度2.76~3.10。具有极高的电绝缘性、抗酸碱腐蚀、弹性、韧性和滑动性、耐热隔音、热膨胀系数小等特性。

49. 黑云母($K\{(Mg,Fe)_3[AlSi_3O_{10}](OH)_2\}$)

单斜晶系,单晶体呈假六方板状,片状或鳞片状集合体。颜色从黑到褐、红色或绿色都有,颜色随含铁量增高而变深,条痕白色略带浅绿色。玻璃光泽,解理面上现珍珠光泽,黑色则呈半金属光泽。透明至不透明。具有一组极完全节理,摩氏硬度2.5~3.0,相对密度3.02~3.12。薄片具弹性。

50. 绿泥石

由于类质同象代替广泛,代替比例变化大,所以化学成分复杂。单斜晶系,晶体为假六方片状或板状,通常以鳞片状或玫瑰花形集合体产出。颜色深灰色,或从浅绿色至绿黑色;条痕与本身颜色一致;玻璃光泽,解理面上可见珍珠光泽;半透明;具有一组极完全节理,摩氏硬度2.0~3.0,相对密度2.68~3.40。薄片具挠性。

51. 高岭石($Al_2[Si_4O_{10}](OH)_8$)

晶体属三斜晶系的层状结构硅酸盐矿物,多呈隐晶质、分散粉末状、疏松块状集合体。白或浅灰、浅绿、浅黄、浅红等颜色,条痕白色,土状光泽。摩氏硬度2~2.5,相对密度2.6~2.63。吸水性强,吸水后具有可塑性,但不膨胀,粘舌,干土块具粗糙感。较准确鉴定要借助差热分析和电子显微镜。

52. 蛇纹石($Mg_6[Si_4O_{10}](OH)_8$)

蛇纹石是一种含水的富镁硅酸盐矿物的总称,如叶蛇纹石、利蛇纹石、纤蛇纹石等。单斜晶系,常呈细粒叶片状或纤维状集合体。它们的颜色一般常为绿色调,但也有浅灰、白色或黄色等。因为它们往往是青绿相间像蛇皮一样,故此得名。块状或纤维状的蛇纹石都会具有光泽,块状如蜡状光泽,纤维状如丝绢光泽。{001}解理完全,摩氏硬度2.5~3.5,相对密度2.2~3.6。

53. 蒙脱石($Na_x(H_2O)_4\{Al_2[Al_xSi_{4-x}O_{10}](OH)_2\}$)

单斜晶系,常呈土状隐晶质块体,有时成细小鳞片状集合体。白色,有时为浅灰、粉红、浅绿色,无光泽。鳞片者有一组完全解理;摩氏硬度2.0~2.5,相对密度2.0~2.7。甚柔软,有滑感;加水膨胀,体积能增大几倍;具有很强的吸附力和阳离子交换能力。较准确鉴定要借助差热分析和电子显微镜。

54. 葡萄石($Ca_2Al[AlSi_3O_{10}](OH)_2$)

斜方晶系,晶体呈柱状,板状少见。集合体呈葡萄状、肾状、放射状、束状或致密块状等。

白色、浅黄色、肉红色，或带各种色调的绿色；玻璃光泽，无色者透明。解理{001}完全，摩氏硬度 6.0～6.5，相对密度 2.80～2.95。

55. 正长石(K[AlSi$_3$O$_8$])

单斜晶系，常呈板状、棱柱状晶形，集合体为致密块状。颜色褐黄色、浅黄色、浅肉红色，玻璃光泽，解理面珍珠光泽，条痕白色，透明—不透明。两组解理(一组完全、一组中等)相交成 90°，由此得正长石之名。硬度 6，相对密度 2.57。

56. 斜长石(Na[AlSi$_3$O$_8$]和 Ca[Al$_2$Si$_2$O8]混合)

斜长石是长石族矿物中的一个系列，包括钠长石、奥长石、中长石、拉长石、培长石和钙长石。三斜晶系晶形主要呈柱状、厚板状，常为粒状或块状；颜色多呈灰白色，有时微带浅棕、浅蓝及浅红色，有些呈微浅蓝或浅绿色，玻璃光泽，半透明；摩氏硬度为 6～6.5；相对密度 2.61～2.76；两组解理。在晶面或解理面上可见细而平行的双晶纹。两组解理(一组完全、一组中等)相交成86°24′，故得其名斜长石。

57. 霞石(KNa$_3$[AlSiO$_4$]$_4$)

六方晶系，晶体呈六方短柱状、厚板状，集合体呈粒状或致密块状。无色或灰白色，因含杂质而呈浅黄、浅绿或浅红等色，条痕无色或白色；玻璃光泽。贝壳状断口，断口呈典型的油脂光泽。摩氏硬度 5.5～6，相对密度 2.55～2.66。

58. 白榴石(K[AlSi$_2$O$_6$])

四方晶系，一般见到的白榴石有一定的形状，如四角三八体、立方体、菱形十二面体等，也有粒状集合体。常呈白色、灰色或炉灰色，有时带浅黄色调。透明，玻璃光泽，断口油脂光泽。条痕无色或白色。无解理，摩氏硬度 5.5～6。相对密度 2.4～2.50。

59. 硼砂(Na$_2$(H$_2$O)$_8$[B$_4$O$_5$(OH)$_4$])

单斜晶系，它的晶体为板状或柱状，晶体集合在一起形成晶簇状、粒状、多孔的土块状、泉华状、豆状和皮壳状等，颜色为白中带灰或带浅色调的黄、蓝、绿等，具有玻璃光泽。一组解理完全、性脆。摩氏硬度 2～2.5。相对密度 1.66～1.72。易溶于水，味甜略带咸。

60. 磷灰石(Ca$_5$[PO$_4$]$_3$(F,Cl,OH))

六方晶系，磷灰石晶体常见，一般呈带锥面的六方柱；集合体呈粒状、致密块状、结核状；呈胶体形态的变种称为胶磷灰石，其矿石称为胶磷矿。磷灰石呈浅绿、黄绿、褐红等色，玻璃光泽。具不完全解理，断口不平坦。摩氏硬度 5，相对密度 3.18～3.21。加热后常可出现磷光。将钼酸铵粉末置于磷灰石上，加硝酸，可生成黄色磷钼酸铵，用以快速试磷。

61. 绿松石(Cu(Al,Fe)$_6$(H$_2$O)$_4$[PO$_4$]$_4$(OH)$_8$)

三斜晶系，通常呈现致密块状、肾状、钟乳状和皮壳状等集合体。颜色呈天蓝色，极具特征性，以至于成了一种标准色——绿松石色。其余有深蓝、淡蓝、湖水蓝、蓝绿、苹果绿、黄绿、浅黄和浅灰色。铜导致了蓝色，铁在化学成分中可以替代部分铝，使绿松石呈现绿色，水的含量也影响着蓝色的色调。条痕白色或绿色；抛光面为油脂玻璃光泽，断口上为油脂暗淡光泽，通常不透明。一组完全解理；致密块状者摩氏硬度为 5～6，孔系度大者摩氏硬度较小；相对密度 2.60～2.83。

62. 白钨矿(CaWO$_4$)

四方晶系，晶体为近于八面体的四方双锥状，集合体多呈不规则粒状，较少呈致密块状。无色或白色，一般多呈灰色、浅黄、浅紫或浅褐色。玻璃光泽到金刚光泽，断口呈油脂光泽。解理中等，断口参差状。摩氏硬度 4.5～5，相对密度 5.8～6.2(相对密度随 Mo 的增加而降低)。

在紫外线照射下发浅蓝色至黄色的荧光。

63. 重晶石（$BaSO_4$）

斜方晶系，常呈厚板状或柱状晶体，多为致密块状或板状、粒状集合体。质纯时无色透明，含杂质时被染成各种颜色。条痕白色，玻璃光泽，透明至半透明。三组解理完全，夹角等于或近于90°。摩氏硬度3～3.5，比重4.3～4.5。鉴定特征：板状晶体，硬度小，近直角相交的完全解理，密度大，遇盐酸不起泡，并以此与相似的方解石相区别。

64. 石膏（$CaSO4·2H_2O$）

单斜晶系，通常为白色、无色，无色透明晶体称为透石膏，有时因含杂质而成灰、浅黄、浅褐等色。条痕白色，透明，玻璃光泽。解理面珍珠光泽，纤维状集合体丝绢光泽。解理极完全和中等，解理片裂成面夹角为66°和114°的菱形体。性脆。摩氏硬度1.5～2，不同方向稍有变化。相对密度2.3。

65. 芒硝（$Na_2(H_2O)_{10}[SO_4]$）

单斜晶系，晶体为短柱状或针状，一般这些晶体聚集在一起成块状、纤维团簇状。它们或无色或白色，有时带浅黄、浅蓝或浅绿色；条痕白色，具有玻璃光泽，透明。具完全的板面解理，摩氏硬度1.5～2，相对密度1.49。味清凉略苦咸，极易风化，在干燥的空气中逐渐失去水分而转变为白色粉末状的无水芒硝。易溶于水。

66. 明矾石（$KAl_3[SO_4]_2(OH)_6$）

三方晶系，一般为块状或土状，它的晶体不明显，是隐晶矿物。如果纯净应为白色，但含有杂质后则呈浅灰、浅红、浅黄或红褐色，条痕白色，玻璃光泽，解理面呈珍珠光泽，透明；底面解理中等。摩氏硬度3.4～4；相对密度2.6～2.8。性脆；易溶于水和盐酸，在碱性溶液中完全分解。

67. 胆矾（$Cu[SO_4]·5H_2O$）

三斜晶系，胆矾的晶体成板状或短柱状，这些晶体集合在一起则呈粒状、块状、纤维状、钟乳状和皮壳状等。它们具有漂亮的蓝色，但如果暴露在干燥的空气中会由于失去水而变成不透明的浅绿白色粉末。条痕白色；透明一半透明；玻璃光泽。贝壳状断口；摩氏硬度2.5，相对密度2.1～2.3。胆矾极易溶于水，水溶液呈蓝色。味苦而涩。

68. 方解石（$CaCO_3$）

三方晶系，晶体为菱面体，集合体可以是一簇簇的晶体，也可以是粒状、块状、纤维状、钟乳状及土状等。无色透明，条痕无色，玻璃光泽。摩氏硬度3；三组完全解理，易沿解理面分裂成为菱面体。相对密度2.6～2.9。遇冷稀盐酸强烈起泡。

69. 白云石（$CaMg(CO_3)_2$）

三方晶系，晶体呈菱面体，晶面常弯曲成马鞍状，聚片双晶常见。集合体通常呈粒状。纯者为白色，多为白色、灰色、肉色、无色、绿色、棕色、黑色和暗粉红色等，含铁时呈灰色；风化后呈褐色。玻璃光泽。具有完全的菱面体解理；摩氏硬度3.5～4，相对密度2.85。遇冷稀盐酸起泡但不明显，如粉末遇冷稀盐酸强烈起泡。

70. 孔雀石（$Cu_2[CO_3](OH)_2$）

单斜晶系，晶体形态常呈柱状或针状，十分稀少，通常呈隐晶钟乳状、块状、皮壳状、结核状和纤维状集合体。具同心层状、纤维放射状结构。有绿、孔雀绿、暗绿色等。常有纹带，丝绢光泽或玻璃光泽，半透明至不透明，条痕浅绿色。有二组完全解理；摩氏硬度3.5～4.0，相对密度4.0～4.5。性脆。遇盐酸起反应，并且容易溶解。

71. 萤石(CaF_2)

等轴晶系,纯净的萤石为无色,但因含有较多 Y、Ce、Ca 等元素,造成萤石结构空位,产生色心而致色,常见的颜色有浅绿色至深绿色,蓝、绿蓝、黄、酒黄、紫、紫罗兰色、灰、褐、玫瑰红和深红等。单晶主要为立方体,少数为菱形十二面体、八面体。立方体晶面上常出现与棱平行的网格状条纹,集合体为粒状、晶簇状、条带状及块状等。玻璃光泽;透明至半透明,条痕白色。摩氏硬度为4,四组解理完全,相对密度3.18。显萤光性,紫外线照射下发光。

六、实验安排

硅酸盐类是造岩矿物的主体,为了便于安排实验,将按非硅酸盐矿物和硅酸盐矿物分两次进行实验。实验用具:小刀、摩氏硬度计、放大镜、磁铁、毛瓷板、稀盐酸和偏光显微镜及实验用矿物鉴定附表1。

实验一:非硅酸盐矿物

(1)根据下列矿物的形态及主要物理性质,用肉眼鉴定方法认识并描述下列矿物。

黄铁矿、磁铁矿、石英、方解石、白云石、方铅矿、萤石、石膏及黄铜矿,并说明黄铁矿与黄铜矿、方解石与白云石的区别。

(2)参观下列矿物:闪锌矿、赤铁矿、重晶石、石墨、铝土矿和磷灰石。

实验二:硅酸盐矿物

(1)认识并描述下列矿物:

橄榄石、普通辉石、普通角闪石、斜长石、正长石、黑云母和石榴石,并在偏光显微镜下观察这些矿物的特性,说明普通辉石与普通角闪石的区别。

(2)参观下列矿物:

高岭石、蓝晶石、红柱石、滑石、绿泥石、阳起石、蛇纹石及绿帘石。

第二章　岩浆岩实验

一、岩浆岩的实验目的与要求

（1）对照岩浆岩分类表，根据矿物成分、结构、构造进行岩浆岩的分类和命名。

（2）掌握各类常见岩浆岩的鉴定特征，包括矿物成分、结构、构造和次生变化特征。

（3）掌握手标本的观察描述方法，写出完整的常见岩石鉴定报告。

（4）了解岩浆岩在光学显微镜下的鉴定描述方法。

二、岩浆岩的分类

岩浆岩的类型依据三个方面的因素划分：

1. 岩浆岩根据 SiO_2 的含量，划分如下：

超基性岩　　SiO_2 的含量小于 45%；

基性岩　　　SiO_2 的含量小于 45%～52%；

中性岩　　　SiO_2 的含量小于 52%～65%；

酸性岩　　　SiO_2 的含量大于 65%。

2. 岩浆岩根据碱度指数，划分如下：

钙碱性岩　　$\sigma<3.3$；

碱性岩　　　$3.3<\sigma<9.0$；

过碱性岩　　$\sigma>9.0$。

碱度指数 $\sigma=(K_2O+Na_2O)^2/(SiO_2-43)$　　SiO_2 为其质量百分含量（wt%），其余同。

3. 岩浆岩依据其产状类型划分如下：

当岩浆喷出地表后冷凝形成的岩石称喷出岩或称火山岩；岩浆在地表以下冷凝形成的岩石称侵入岩。在较深处形成的侵入岩叫深成岩，在较浅处形成的侵入岩叫浅成岩。

综合考虑这些因素，岩浆岩理论上可划分 36 大类，但自然界有些是不存在的，目前国际上岩浆岩分为以下 12 大类：

超基性岩　　　　（1）橄榄岩—苦橄岩类

　　　　　　　　（2）金伯利岩类

　　　　　　　　（3）霓霞岩—霞石岩类

　　　　　　　　（4）碳酸岩类

基性岩　　　　　（5）辉长岩—玄武岩类

　　　　　　　　（6）碱性辉长岩—碱性玄武岩类

中性岩　　　　　（7）闪长岩—安山岩类

　　　　　　　　（8）正长岩—粗面岩类

　　　　　　　　（9）霞石正长岩—响岩类

酸性岩　　　　　（10）花岗岩—流纹岩类

　　　　　　　　（11）脉岩类

　　　　　　　　（12）火山碎屑岩类

岩浆岩（不含脉岩和火山碎屑岩）详细分类及特征见表 2-1 岩浆岩分类表。

岩浆岩分类表（据邱家骧，1985）

表 2-1

基本特征 \ 岩石类型	超基性岩 钙碱性	超基性岩 碱性	超基性岩 过碱性	超基性岩 过碱性	基性岩 钙碱性	基性岩 碱性	基性岩 过碱性	中性岩 钙碱性	中性岩 碱性	中性岩 过碱性	酸性岩 钙碱性	酸性岩 碱性
岩石类型	橄榄岩-苦橄岩类	金伯利岩类	宽霞岩-霞石岩类	碳酸岩类	辉长岩-玄武岩类	碱性辉长岩-玄武岩类	碱性辉长岩类	闪长岩-安山岩类	正长岩-粗面岩类 二长岩-粗安岩类	霞石正长岩-响岩类	花岗岩-流纹岩类	花岗岩-流纹岩类
SiO_2（重量）	38%~45%（<45%）	20%~38%	<20%		45%~53%			53%~66%			>66%	
K_2O+Na_2O（重量）	<3.5%	<3.5%	>3.5%		平均 3.6%	平均 4.6%	平均 7%	平均 5.5%	平均 9%	平均 14%	平均 6%~8%	
σ值					<3.3	3.3~9	>9	<3.3	3.3~9	>9	3.3~9	
石英含量（体积）	不含	不含		可含	不含或少含	不含	不含	<20%	不含	不含	>20%	>20%
似长石含量及含量	不含	不含	含量变化大	可含	不含	不含或少含	>5%	不含	<20%	5%~50%	不含	不含
长石种类及含量			可含少量碱性长石		以基性斜长石为主	以碱性长石为主及基性斜长石为主，也有中长石，更有更长石		中性长石为主，可含中性斜长石	碱性长石为主，可含中性斜长石	碱性长石	碱性长石及中酸性斜长石	碱性长石
铁镁矿物种类	橄榄石、辉石为主，角闪石次之	橄榄石、透辉石、美铝榍石、金云母	碱性暗色矿物		辉石为主，可含橄榄石、角闪石	单斜辉石、钛普通辉石、橄榄石也较多		角闪石为主，辉石、黑云母次之	碱性辉石、角闪石为主，富铁黑云母次之		黑云母为主，角闪石次之，辉石少见	碱性角闪石、富铁黑云母为主，碱性辉石少见
色率	>90	>90	30~90	30~90	40~90	40~90	40~90	15~40	15~40	15~40	<15	<15
代表性侵入岩 深成岩（全晶质、中粗粒、似斑状）	橄榄岩、辉石橄榄岩、辉石岩	金伯利岩	宽霞岩	碳酸岩	辉长岩、苏长岩、斜长岩	碱性辉长岩	碱性辉长岩	闪长岩	正长岩、碱性正长岩	霞石正长岩	花岗岩、花岗闪长岩	碱性花岗岩
代表性侵入岩 浅成岩（全晶质、细中粒、斑状）	苦橄玢岩	金伯利岩	宽霞岩 碳酸岩		辉绿岩	碱性辉绿岩	碱性辉绿岩	闪长玢岩	二长斑岩	霞石正长斑岩	花岗斑岩、花岗闪长斑（玢）岩	霓细花岗岩
代表性喷出岩	苦橄岩、玻基橄榄岩、基纯橄岩、科马提岩	玻基辉橄岩	霞石岩	碳酸熔岩	拉斑玄武岩、高铝玄武岩	碱性玄武岩	碧玄岩、白榴岩	安山岩	粗面岩、碱性粗面岩	响岩	流纹岩、英安岩	碱性流纹岩

三、岩浆岩的鉴定描述方法

岩浆岩的观察描述,主要包括两个方面的内容,一是野外岩石或手标本的观察描述;二是室内岩石薄片的光学显微镜鉴定。实验过程中应注意以下几点:

(1)由于岩浆岩种类数量繁多,实验课仅能以少数典型标本帮助大家掌握观察方法、描述原则。岩石是自然界的产物,大自然造物绝不重复,地球上没有两个地方的岩石特征完全相同,要注意触类旁通,灵活应用于其他岩石的鉴定,以提高鉴定能力。

(2)实验课前,应掌握岩浆岩的主要类型和矿物组合及特征,才能根据岩石的矿物成分、结构、构造、结晶顺序及次生变化特征来判断其生成环境(深成、浅成和喷出)并准确定名。

(3)对于土木工程类的学生,一般只要求鉴定岩石的类型,不要求进行岩石的成因分析,因工程建设主要是关心其力学性质。如果岩石手标本的矿物颗粒肉眼能识别其主要矿物,则一般不需要进行光学显微镜鉴定,只有细粒和隐晶质、玻璃质岩石才需要切片进行镜下鉴定。肉眼观察和镜下鉴定应紧密配合,二者互为补充,互为验证。

(4)实验过程中应将各类岩石仔细观察,反复对比,抓住特征,掌握异同,以便加深记忆和理解。

(5)部分岩浆岩仅依据其结构构造很难准确鉴定,需结合岩石的野外产状来确定。

(一)岩石手标本的观察描述方法

岩石的室内肉眼观察和鉴定,可借助放大镜、小刀、摩氏硬度计、磁铁和盐酸(5%)等。

肉眼观察描述的顺序是:颜色、矿物成分(主要矿物、次要矿物)、结构、构造、次生变化、其他特征及定名。

1. 颜色

岩浆岩颜色的观察描述很重要,应将岩石风化面和新鲜面的颜色分开描述。岩石的颜色常常可提示岩石的化学成分、矿物成分,甚至是岩石的结构及次生变化等方面的信息。一般而言,随着岩石中 SiO_2 含量的增加及 Fe_2O_3、MgO 含量的减少,岩石的颜色变浅,可由黑色变为白色、灰白色;随着岩石中硅铝矿物的增加,铁镁矿物的减少,岩石的颜色变浅;随着岩石的结晶程度的增加,同成分岩石的颜色也变浅,可由玻璃质的黑色黑耀岩变为白色、灰白色的中、细粒花岗岩;随着岩石中次生矿物含量的增加,可由原生色变为次生色,显示次生矿物的颜色,如纯橄榄岩的颜色一般为黑色、绿黑色,但由于蛇纹石化可变为墨绿色、鲜绿色。为此,根据岩石中暗色矿物(主要是铁镁矿物)含量的多少,可将岩石的颜色分为三类:

① 暗色——暗色矿物含量>50%。

② 中色——暗色矿物含量为 30%~50%。

③ 浅色——暗色矿物含量<30%。

尽管在描述具体岩石的颜色时,不常用这些术语,但同学们应认识到岩石颜色描述的重要性。需强调的是,一般而言,基性的岩石颜色暗,酸性的岩石颜色浅。但亦应注意基性的岩石亦有浅色者,如斜长岩;酸性岩亦有暗色者。此外,喷出岩由于结晶程度差或结晶颗粒细,其颜色往往比相应的深成岩的颜色还要暗些。因此,影响岩石颜色的因素,不仅有暗色矿物的含量多少,还有结晶程度、颗粒大小及次生变化等。

观察颜色应从整体出发,远观近瞧,如黑色、紫色、黄色、白色、灰色……若颜色介于两种颜色之间,可用复合色描述,如灰白色、灰黄色。只有一种颜色时,也可以在颜色之前冠以色调的形容词,如暗绿色、浅黄色、浅红色等。有时亦可形象地描述岩石的颜色,如砖红色、草绿色和玫瑰色等。

2. 矿物成分

岩浆岩的种类很多,组成岩浆岩的矿物种类也各不相同,最主要的矿物有:石英、长石、云母、角闪石、辉石及橄榄石等。根据它们在岩浆岩分类命名中的作用,可分为:主要矿物、次要矿物和副矿物。

根据它们在岩浆岩中颜色不同,可分为:浅色矿物和暗色矿物。石英、长石中含 SiO_2、Al_2O_3 高,颜色浅,称浅色矿物;角闪石、辉石、橄榄石中 FeO、MgO 含量高,硅铝含量少,颜色较深,称为暗色矿物。色率是指岩石中暗色矿物的百分含量。按暗色矿物含量多少,岩石可分为浅色、浅中色、深中色和深色。含 SiO_2 多的岩石,浅色矿物多,岩石颜色浅;含 SiO_2 少,Fe、Mg 多的岩石,暗色矿物多,岩石颜色深。

首先分出暗色和浅色矿物两大类,并估计百分含量,然后再根据矿物含量多少分出主要矿物和次要矿物。一般每块岩石有 2～3 种主要矿物,而次要矿物(含量少于 10％)和副矿物,则有些岩石有,有些岩石没有。应分别描述它们的特征,描述项目和顺序为:颜色、形状、光泽、透明度、硬度、解理、双晶、颗粒大小、与酸碱反应及百分含量等。但不是每个矿物以上这些项目都必须描述,一般只给出矿物 1～3 项主要的鉴定特征及颗粒大小、百分含量。若为喷出岩,则基质中的矿物一般比较细小,肉眼不易辨认,但应尽可能对认出的矿物进行描述。对于岩石中的斑晶矿物应作详细的描述并估计出斑晶和基质的相对含量。

3. 结构

岩浆岩的结构就是指岩石的结晶程度、颗粒大小、形状特征以及这些物质彼此间的相互关系等所反映的特征。

对结构的观察,首先应当指出其结晶程度(全晶质结构、半晶质结构、玻璃质结构)、颗粒的相对大小(等粒结构、不等粒结构、似斑状结构)和绝对大小(粗粒结构＞5mm,中粒结构 2～5mm,细粒结构 0.2～2mm,微粒结构＜0.2mm 和隐晶质结构),最后描述颗粒的形状(自形结构、半自形结构、它形结构)。

应特别注意斑状结构和似斑状结构的区别。斑状结构:岩石由两种截然不同的矿物颗粒组成的结构,大颗粒镶嵌在细小的隐晶质(细小结晶质,但肉眼分不清颗粒)或玻璃质的基质。似斑状结构:岩石由两群大小不同的矿物颗粒组成的结构,大的称为斑晶,小的颗粒称为基质。似斑状结构与斑状结构同为颗粒较大的"斑晶"分布于颗粒较小的"基质"上,但斑状结构的基质为隐晶质或玻璃质;而似斑状结构的基质为显晶质,是比斑晶颗粒小的晶体。

4. 构造

岩浆岩的构造是指岩浆岩中各组成部分之间的排列方式和充填方式。岩浆岩常见的构造如下。

块状构造:特点是组成岩石的矿物,在整块岩石中分布均匀,岩石各部分在成分上和结构上都是一样的。

斑杂构造:岩石的不同组成部分,在颜色、矿物成分上或结构上差别较大,整体岩石看上来是不均匀的斑斑块块,杂乱无章。

带状构造:表现为颜色或粒度不同的矿物相间排列,成带出现。

球状构造:表现为岩石中分布有球体或椭球体,它是由岩石中矿物围绕某些中心呈同心层状分布而成。

流纹构造：由不同颜色、不同成分的条纹、条带和球状、雏晶定向排列，以及拉长的气孔等表现出来的一种流动构造。

气孔和杏仁构造：当熔岩喷出时，由于压力降低，气体从熔岩中逸出而形成许多圆形、椭圆形或长管形等孔洞，称气孔构造。杏仁构造是指具有气孔构造的岩石，其气孔以后被矿物质（如方解石、石英、玉髓等）所充填形成的一种形似杏仁状的构造。

对于构造的观察一般只需指出岩石属何种构造即可。

由于岩石的结构、构造特征能反映其形成条件，因此，一般深成岩具全晶质、粗粒～细粒等粒结构、块状构造。喷出岩的岩石多具斑状、隐晶质和玻璃质结构以及气孔、杏仁和流纹构造。浅成岩的结构特点介于上述二者之间，一般具细粒、斑状或似斑状结构，但有时仅根据结构很难和喷出岩相区别，常常需要借助于野外产状观察方能鉴别。

5. 其他特征

观察岩石时，应注意岩石中有无细脉、捕掳体、析离体，并注意观察它们的成分、细脉宽度、捕掳体及析离体的大小和形状等。此外，对于岩石的相对密度、断口性质、粗糙程度及风化面特征亦应作简要描述。

6. 次生变化

岩浆后期的热液作用、地表风化作用、去玻化作用，可使岩浆岩遭受不同程度的次生变化。变化强烈者，岩石的外貌可发生变化，例如新鲜的玄武岩为黑色、墨绿色，次生变化后常呈绿色、紫褐色；具玻璃光泽的斜长石斑晶亦变成黄绿色污浊体。又如，花岗岩靠近石英矿脉时，其中的黑云母常变为绿泥石，长石变为绢云母、高岭石等黏土矿物。因此，次生变化的观察可以帮助我们了解岩浆岩生成后的变化程度。

7. 定名

岩浆岩定名的基本原则是，颜色＋构造＋结构（＋其他）＋岩石基本名称。如黑色块状辉长岩、灰白色块状似斑状中粒花岗闪长岩，紫褐色流纹岩，黑色块状具气孔、杏仁构造的玄武岩等。肉眼观察岩石或手标本，许多矿物不易辨认，一般要求定出岩石大类名称即可，如黑色块状辉长岩、灰褐色安山岩和肉红色块状花岗岩等。但在某些情况下甚至连这样的要求都达不到，这时我们暂定名称，待薄片鉴定后再作补充校正。

岩浆岩的肉眼鉴定命名是以结构、构造及矿物成分为基础，根据结构、构造结合产状分为深成、浅成和喷出三类，并以此作为纵坐标；以矿物成分（长石性质、酸度指示矿物的种类及暗色矿物比例）而划分成各大类岩石。对土木工程类的学生，定出岩石大类即可。

（二）光学显微镜下岩石的鉴定和描述方法

岩石薄片的镜下观察鉴定能弥补肉眼观察之不足，对确定岩石的矿物成分和结构是十分有效的，它能进一步识别矿物之间的关系、结晶程度、生成顺序，进而确切定名，尤其对于细粒岩石的研究更为重要。需要说明的是，大多数矿物为透明矿物，采用透射光学显微镜进行鉴定，而一些矿物，主要是金属矿物，磨制成 0.03mm 的薄片后，仍不透光，为不透明矿物，需要用反射光学显微镜进行鉴定。对不透明矿物的鉴定，本书不作介绍。

1. 矿物成分的鉴定

岩石矿物成分的鉴定十分重要，可按如下步骤先进行观察，然后按顺序描述。

（1）用低倍物镜分别在单偏光和正交偏光镜下概略地区别出有哪些不同的矿物，然后再分别对其进行观察鉴定。

（2）矿物鉴定的内容有：单偏光镜下矿物的晶形、颜色和多色性、解理；正交偏光镜下矿物的干涉色、双折射率、消光类型、延性和双晶；锥光镜下矿物轴性等。与肉眼鉴定一样，只描述对确定该矿物种有用的特征。对不透明矿物，可依据肉眼鉴定特征和镜下晶体形状做出判断。如仍不能确定是何种矿物，可说明岩石内有不透明矿物即可。

（3）当被鉴定的岩石为斑状结构时，应先分开斑晶和基质，再根据上述的鉴定步骤依次鉴定斑晶中的矿物成分，并分别估计它们的百分含量，然后再观察基质，尽可能鉴定出基质中的矿物。最后估计斑晶和基质的百分含量。

（4）矿物的颗粒大小和百分含量测定。颗粒大小用目镜内的微尺进行测量，对于 10 倍的目镜，每一小格为 0.01mm，整个微标尺 100 小格为 1mm。矿物成分的百分含量计算，一般采用目估法。目估法是估计视域内某矿物所有颗粒占据视域面积的百分数。对初学者，建议采用在低倍镜下测定各矿物目镜微尺上出现的长度比，要测定 6 个以上不同的视域，取平均值来估算各矿物的百分含量。

矿物成分的描述顺序应当是：主要矿物、次要矿物、副矿物，最后描述次生矿物。描述时，应当指出它们的主要光学特征、颗粒大小、形状、自形程度及次生变化等。

2. 结构及结晶顺序

注意观察岩石的结晶程度（全晶质、斑状和玻璃质，图 2-1）、各种矿物的相对大小和绝对大小以及矿物的自形程度（图 2-2）和相互关系等，最后作出结构的全面描述，如半自形等粒中粒结构、它形细粒结构、斑状和似斑状结构等（图 2-3）。

对结构进行描述亦可采用专属的结构名称，例如岩石中辉石和斜长石大致各占一半，颗粒大小、自形程度相近，可描述为辉长结构；又如辉石和斜长石大致各占一半，斜长石形成三角架，其间充填辉石颗粒，则可描述为辉绿结构（图 2-4）。

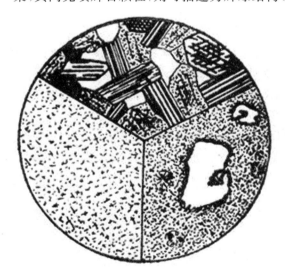

图 2-1　岩石的结晶程度（邱家骧，1985）
上：全晶质结构　右：斑状结构　左：玻璃质结构

图 2-2　矿物的自形程度（邱家骧，1985）
上：自形结构　右：半自形结构　左：它形结构

图 2-3　由颗粒大小划分的结构（邱家骧，1985）
左上：等粒结构　　右上：似斑状结构
左下：斑状结构　　右下：不等粒结构

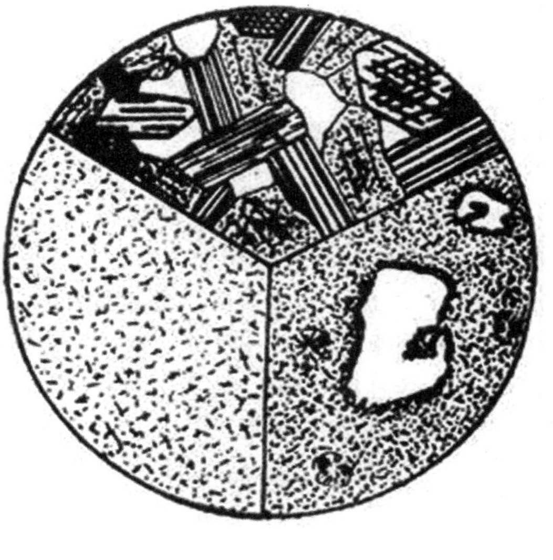

图 2-4　辉绿结构（邱家骧，1985）
由自形-半自形的斜长石搭成格
架，其间充填有它形粒状辉石

岩浆岩的专属结构鉴定描述非常重要，它不仅是许多岩石大类的鉴定特征，而且在岩石命名时有其特殊的处理方式：首先是直接参加命名，且往往是许多岩石大类的基本名称；再就是在岩石命名时，要省去与专属结构具体描述内容相同的部分。如，黑色块状全晶质自形、半自形细粒辉长岩，应直接命名为黑色块状辉长岩。常见的岩石专属结构有：辉长结构、辉绿结构、间粒结构（也称为粗玄结构或煌绿结构，有时还称为玄武结构，因其在玄武岩中最常见、最典型）、花岗结构、玻晶交织结构（又称为安山结构，因其在安山岩中最常见、最典型）、文像结构、粗面结构、响岩结构、伟晶结构、细晶结构和煌斑结构等。

矿物的穿插、交生、反应边等结构在手标本上不易被发现，而在镜下很容易观察，故应详细描述，如交生结构（即矿物颗粒彼此镶嵌在一起，如文像结构、条纹结构、蠕虫结构等）、环带结构（如斜长石、辉石的环带结构）、反应边结构（早期结晶的矿物与残余岩浆相反应而形成的一些结构，如辉石的反应边结构）等。

在进行结构观察的同时，可根据矿物相对的自形程度以及矿物间的互相穿插和包裹关系来确定其结晶顺序。一般认为被包裹的矿物结晶早于包裹它的矿物。对于自形程度，一般说来同一岩石中自形晶析出较早，它形晶析出较晚，但应注意这一原则不能无条件地搬用，各类岩石中有很多例外情况。

3. 构造

岩石的构造主要在野外或手标本上观察确定，但某些岩石的构造还需在显微镜下进行观察，如喷出岩中经常出现气孔、杏仁构造。要观察气孔的充填程度及杏仁的矿物成分，就常常需要在显微镜下进行。

4. 次生变化

岩石的次生变化在镜下易于观察，如去玻化（非晶质的重结晶现象），橄榄石的蛇纹石化，辉石的纤闪石化，黑云母的绿泥石化，斜长石的钠黝帘石化、绿泥石化、绢云母化，钾长石的高岭土化，这些现象都应当仔细观察描述。

5. 显微照相

20 世纪 90 年代以前,进行岩石光学显微镜下鉴定,要求有镜下岩石素描图,但现在已很少有人画了。目前实验室已配备数码显微照相设备,同学们可将典型现象照下来,以便日后分析对比。数码显微照相具有获取信息全面、获取速度快、便于保存和可后处理的优点。

6. 定名

单一岩石薄片镜下鉴定命名,主要是根据结构和矿物成分的特点。根据岩石结构,首先区分出深成岩、浅成岩和喷出岩,然后再根据长石的有无、含量和性质,根据石英的有无及含量,区分出超基性岩、基性岩、中性岩和酸性岩,再根据暗色矿物的种类和含量,定出岩石名称。若能结合野外岩石或手标本的描述,则镜下鉴定后的岩石命名原则仍是:颜色＋构造＋结构(＋其他)＋岩石基本名称。

岩石的专属构造在岩石命名时,也和专属结构一样重要,并采用同样的处理方式,如紫褐色流纹岩,因流纹构造在流纹岩中最常见、最典型。

（三）岩石鉴定描述（报告）的顺序

依据岩石产状不同,具体描述岩石特征的顺序略有不同。

深成岩:颜色,主要矿物(种类、主要鉴定特征、含量),次要矿物(种类、主要鉴定特征、含量),结构(粗粒、中粒、细粒、等粒、不等粒、似斑状、自形……),构造(块状),其他特征和次生变化,定名。

浅成岩:颜色,斑状结构或似斑状结构,斑晶矿物(种类、主要鉴定特征、含量),基质颜色,含量(如基质是显晶质,应描叙种类、主要鉴定特征、含量),构造(块状、斑点状、带状……),其他特征和次生变化,定名。如为细粒、等粒、不等粒结构,描述同深成岩。

喷出岩:颜色,斑状结构或玻璃质结构,斑晶矿物(种类、主要鉴定特征、含量),基质颜色,含量,构造(气孔、杏仁、流纹……),其他特征和次生变化,定名。

四、岩浆岩鉴定举例

标本 1

主要矿物为橄榄石,次要矿物为辉石。橄榄石,浅黄绿色,粒状,粒径 0.8～1.6mm,条痕无色,玻璃光泽,透明,硬度大于小刀,含量 90%。辉石,墨绿色为辉石,短柱状,粒径 1.0～1.8mm,条痕灰绿色,玻璃光泽,半透明,硬度大于小刀,含量 10%。细粒等粒结构;块状构造。

显微镜下:

单偏光镜下,橄榄石,无色,粒状,粒径 0.8～1.6mm,正高突起,正交偏光下,平行消光,干涉色二级蓝,含量 90%。辉石,无色—淡黄色,粒径 1.0～1.8mm 正高突起;正交偏光下,斜消光,干涉色一级灰,含量 10%。

定名:辉石橄榄岩。

标本 2

深灰色,主要矿物有辉石和斜长石。辉石:墨绿色,粒状,粒径 0.2～1.2mm,硬度大于小刀,含量 40%;斜长石:白色,长板状,粒径 0.2～2.0mm,硬度大于小刀,含量 55%。次要矿物为黑云母,位于辉石颗粒边部,棕色,片状集合体,0.2～0.5mm,是辉石退变的产物。细粒结构(辉长结构);块状构造。

显微镜下：

主要矿物有辉石和斜长石，次要矿物有黑云母和磁铁矿。辉石：具多色性，转动旋转台，颜色灰绿—淡褐—亮绿间变化，不规则粒状，粒径 0.3～1.8mm，正高突起，最高干涉色二级绿，垂直光轴的纵切面，一组解理，平行消光，含量 40%。斜长石，无色，板状，粒径 0.2～1.5mm，斜消光，聚片双晶，含量 45%。黑云母，片状集合体，具多色性，转动旋转台，颜色淡黄绿—淡褐色间变化，平行消光，位于辉石的边缘，是辉石退变的产物含量 10%。黑色不规则粒状、不透明矿物为磁铁矿。细粒等粒结构。

定名：辉长岩。

标本 3

灰白色，主要矿物有角闪石和斜长石。角闪石绿色，粒状，粒径 0.1～0.4mm，含量 20%；斜长石：白色，长板状，粒径 0.2～2.0mm，硬度大于小刀，含量 65%。细粒结构；块状构造。

显微镜下：

主要矿物有角闪石和斜长石，次要矿物有绿泥石、石英和磁铁矿。角闪石：无色，粒径 0.3～1.0mm，正中突起，最高干涉色二级蓝，含量 25%。斜长石，无色，板状，粒径 0.2～1.5mm，斜消光，聚片双晶，含量 55%。绿泥石，片状集合体，具弱多色性，转动旋转台，颜色淡黄绿—淡绿色间变化，位于角闪石的边缘，是角闪石退变的产物，含量 10%。石英，无色，表面干净，粒状，含量 5%。黑色不规则粒状、不透明矿物为磁铁矿。细粒等粒结构。

定名：闪长岩。

标本 4

浅肉红色，主要矿物有石英、正长石和斜长石。次要矿物有黑云母和磁铁矿。石英，无色，粒状，油脂光泽，粒径 1～3mm，含量 25%；正长石：肉红色，长板状，粒径 1～3.5mm，硬度大于小刀，含量 55%。斜长石，白色，板状，粒径 1～2mm，含量 10%；黑云母，黑色片状集合体粒径 2～3mm。中粒等粒结构；块状构造。

显微镜下：

主要矿物有碱长石（正长石、微斜长石和条纹长石）、石英和斜长石，次要矿物有黑云母和磁铁矿。微斜长石：无色，表面浑浊，粒径 0.6～4.0mm，负低突起，具格子状双晶，最高干涉色一级灰，含量 30%；条纹长石，无色，板状，表面浑浊，粒径 0.5～3.5mm，负低突起，具条纹结构，最高干涉色一级灰，含量 25%；正长石，无色，板状，表面浑浊，粒径 0.5～1mm，负低突起，最高干涉色一级灰，含量 10%；斜长石，无色，粒径 0.2～1.1mm，斜消光，聚片双晶，含量 10%；石英，无色，表面干净，粒状，粒径 0.3～4.6mm 含量 25%。黑云母，片状集合体，具多色性，转动旋转台，颜色淡黄绿—淡褐色间变化，平行消光，含量 8%；黑色不规则粒状、不透明矿物为磁铁矿。中粒等粒结构。

定名：花岗岩。

标本 5

浅肉红色，主要矿物有正长石、石英和斜长石。次要矿物有黑云母。正长石：肉红色，长板状，粒径 0.5～1.1mm，硬度大于小刀，含量 65%。石英，无色，粒状，油脂光泽，粒径 0.3～0.9mm，含量 15%；斜长石，白色，板状，粒径 0.2～0.7mm，含量 15%；黑云母，黑色片状集合体粒径 0.1～0.3mm。细粒等粒结构；块状构造。

显微镜下：

主要矿物有正长石、石英和斜长石，次要矿物有黑云母。正长石，无色，板状，表面浑浊，粒径 0.5～1.1mm,卡氏双晶,负低突起,最高干涉色一级灰,含量 65%;斜长石,无色,粒径 0.2～0.7mm,斜消光,聚片双晶,含量 10%;石英,无色,表面干净,粒状,粒径 0.3～0.9mm,含量 15%。黑云母,片状集合体,具多色性,转动旋转台,颜色淡黄绿—淡褐色间变化,平行消光,含量 5%。

定名:正长岩。

标本 6

浅肉红色,似斑状结构,斑晶为石英和正长石;基质为细粒石英、肉红色正长石和黑云母。石英,无色,粒状,油脂光泽,粒径 2.5～9.5mm,含量 15%;正长石:肉红色,长板状,粒径 3.0～5.5mm,硬度大于小刀,含量 20%。细粒石英,粒径 0.6～1.2mm,含量 20%;细粒正长石,粒径 1.0～2.5mm,硬度大于小刀,含量 35%;黑云母,片状,含量 10%。块状构造。

显微镜下:

似斑状结构,斑晶为石英和碱长石(正长石和微斜长石)。石英,无色,表面干净,粒状,粒径 3.0～5.0mm,含量 15%;碱长石(微斜长石),无色,板状,表面浑浊,粒径 3.0～4.5mm,负低突起,格子状双晶,最高干涉色一级灰,含量 20%。基质由细粒正长石、石英、斜长石和黑云母组成,正长石,无色,板状,表面浑浊,粒径 1.0～1.5mm,负低突起,最高干涉色一级灰,含量 25%;石英,无色,表面干净,粒径 0.5～1.0mm,含量 20%;斜长石,无色,粒径 0.2～1.0mm,斜消光,聚片双晶,含量 10%;黑云母,片状集合体,平行消光,含量 8%。

定名:斑状花岗岩。

标本 7

浅灰白色,主要矿物有石英、正长石和斜长石和角闪石;次要矿物有黑云母。石英,无色,粒状,油脂光泽,粒径 1～3.5mm,含量 25%;正长石:肉红色,长板状,粒径 1～4.0mm,硬度大于小刀,含量 20%。斜长石,白色,板状,粒径 0.5～4.0mm,含量 35%;角闪石,长柱状,黑绿色,粒径 0.5～2.0mm,含量 15%;黑云母,黑色片状集合体粒径 2～3mm。中粒等粒结构;块状构造。

显微镜下:

主要矿物有石英、正长石和斜长石和角闪石;次要矿物有黑云母,副矿物有磁铁矿。石英,无色,表面干净,粒径 0.5～2.0mm,含量 20%;斜长石,无色,板状,粒径 0.5～4.0mm,个别有环带,斜消光,聚片双晶,含量 35%;正长石:无色,板状,表面浑浊,粒径 0.6～1.0mm,最高干涉色一级灰,含量 20%;角闪石,长柱状,横截面为菱形,具多色性,淡绿-黄绿色,两组解理,正中突起,干涉色二级蓝,粒径 0.5～2.0mm,含量 15%;黑云母,片状集合体,棕色,是角闪石退变的产物,含量 5%;不透明矿物,呈不规则粒状,可能是磁铁矿。中粒结构。

定名:花岗闪长岩。

标本 8

浅肉红色,主要矿物为正长石和霞石,次要矿物为黑云母。正长石,肉红色,板状,卡氏双晶,粒径 0.3～1.8mm ,含量 65%;霞石,白色,不规则粒状,油脂光泽,表面有沸石化,粒径 0.2～1.2mm,含量 20%;黑云母,片状集合体,含量 15%。嵌晶结构。块状构造。

显微镜下:

主要矿物为正长石和霞石,次要矿物为黑云母。正长石,板状,卡氏双晶,粒径 0.3～1.8mm,含量 80%;霞石,无色,不规则粒状,表面有裂纹,有沸石化,粒径 0.2～1.2mm ,含量 20%。嵌晶结构。

定名:霞石正长岩。

标本 9

肉红色,主要矿物有石英、正长石和斜长石,次要矿物有黑云母和磁铁矿。石英,无色,粒状,油脂光泽,粒径 0.2~1.0mm,含量 25%;正长石:肉红色,板状,粒径 0.2~0.8mm,含量 55%。斜长石,白色,板状,粒径 0.2~0.7mm,含量 15%;黑云母,黑色片状集合体粒径 0.3~0.9mm。细粒等粒结构;块状构造。

显微镜下:

主要矿物有正长石、石英和斜长石,还有少量黑云母和磁铁矿。正长石,无色,表面浑浊,不规则粒状,表面已强烈高岭土化,粒径 0.5~1.1mm,负低突起,最高干涉色一级灰,含量 55%;斜长石,无色,自形板状,粒径 0.2~1.0mm,斜消光,聚片双晶,表面已有高岭土化,但表面还能看清,含量 15%;石英,无色,表面干净,不规则粒状,粒径 0.3~1.2mm,含量 25%。黑云母,片状集合体,含量 3%;黑色不规则粒状、不透明矿物为磁铁矿。细粒等粒结构。

定名:细粒花岗岩。

标本 10

黑灰色,主要矿物有辉石和橄榄石。墨绿色,短柱状,油脂光泽,有反光的解理面,粒径0.2~2.5mm,含量 65%;橄榄石,浅绿色,粒状,粒径 0.8~2.1mm,含量 30%;粗粒结构;块状构造。

显微镜下:

主要矿物有辉石和橄榄石,还有少量黑云母和磁铁矿。辉石,无色-淡黄色,它形充填于粒状的橄榄石颗粒之间,正高突起,最高干涉色二级灰,含量 65%;橄榄石,无色,裂纹发育,正极高突起,粒状,粒径 0.8~2.1mm,含量 30%;黑云母,片状集合体,含量 3%;黑色不规则粒状、不透明矿物为磁铁矿。粗粒结构。

定名:橄榄辉石岩。

标本 11

深灰色,主要矿物有辉石和斜长石。辉石:墨绿色,粒状,粒径 0.2~0.5mm,,含量 30%;斜长石:白色,长板状,粒径 0.2~2.0mm,硬度大于小刀,含量 60%。辉绿结构,块状构造。

显微镜下:

主要矿物有辉石和斜长石,次要矿物有绿泥石和磁铁矿。辉石,淡黄色,短柱状和它形粒状,粒径 0.2~0.3mm,正高突起,含量 20%。斜长石,无色,自形板状,表面高岭土化严重,粒径 0.2~2.1mm,斜消光,聚片双晶,含量 60%。绿泥石,片状,浅绿色,异常干涉色,位于辉石的边缘,是辉石退变的产物含量 15%。黑色不规则粒状、不透明矿物为磁铁矿。辉绿结构。

命名:辉绿岩。

标本 12

褐灰色,隐晶质结构,块状构造。

显微镜下:

斑状结构(拉斑玄武结构—在杂乱排列的斜长石长条状晶体所形成的近三角形间隙中,除了有粒状的辉石、磁铁矿外,还有玻璃质),斑晶有辉石和斜长石,辉石,无色,它形粒状,大多小于 0.1mm,二级绿干涉色,含量 15%;斜长石,无色,长条状晶体,宽 0.01mm,长大都小于 0.1mm,有聚片双晶,一级灰干涉色,含量 35%;基质为玻璃质。

定名:玄武岩。

标本 13

灰色,斑状结构,斑晶为斜长石和黑云母。斜长石,灰白色,长板状,有反光的晶面,粒径0.3～1.0mm,含量20％;黑云母,片状,有暗化边,含量10％;基质为灰色隐晶质结构,块状构造。

显微镜下:

斑状结构,斑晶有斜长石和黑云母,斜长石,无色,长板状,粒径0.3～1.0mm,聚片双晶,一级灰干涉色,有强烈的绢云母化,含量20％;黑云母,片状,棕色,有暗化边,含量10％;基质为灰色显微隐晶质。

定名:安山岩。

标本 14

浅肉红色,斑状结构,斑晶为正长石、斜长石、石英和角闪石。正长石,肉红色,板状,粒径10～50mm 不等,含量20％;石英,无色,粒状,油脂光泽,粒径0.3～2.0mm,含量10％。斜长石,青白色,长板状,粒径2～8mm 不等,含量10％;角闪石,绿色,长柱状或针状,含量5％;基质为浅灰色隐晶质。块状构造。

显微镜下:

斑状结构,斑晶有正长石、斜长石、石英。正长石,板状,表面浑浊,一级灰干涉色,有绢云母化和高岭土化,含量25％;石英,无色,表面干净,不规则粒状,粒径0.8～1.0mm,含量15％。斜长石,无色,长板状,粒径1.3～4.0mm,聚片双晶,一级灰干涉色,有绢云母化,含量10％;基质为灰色显微晶质结构,由微粒石英、正长石、斜长石等组成,无法分辨,含量50％。

定名:正长斑岩。

标本 15

浅肉红色,斑状结构,斑晶为石英和正长石;基质为肉红色隐晶质。石英,无色,粒状,油脂光泽,粒径0.5～1.2mm,含量10％;正长石:肉红色,长板状,粒径0.6～1.2mm,硬度大于小刀,含量8％。块状构造。

显微镜下:

斑状结构,斑晶为石英和正长石。石英,无色,表面干净,粒状,粒径0.3～1.1mm 含量10％;正长石,无色,板状,表面浑浊,粒径0.6～1.2mm,负低突起,一级灰干涉色,含量10％;基质具霏细结构,由粒径在0.01mm 左右的长石和石英颗粒组成,颗粒细小,光性不易观察,界限也不很清楚。

定名:石英粗面岩。

标本 16

浅紫色,斑状结构,斑晶为石英、正长石。石英,无色,粒状,油脂光泽,粒径0.3～1.8mm,含量15％;正长石,肉红色,板状,粒径0.5～1.8mm,不等,含量8％;基质为紫色非晶质物质。流纹构造。

显微镜下:

斑状结构,斑晶有石英和正长石。正长石,板状,表面浑浊,一级灰干涉色,有绢云母化和高岭土化,含量10％;石英,无色,表面干净,不规则粒状,粒径0.8～1.0mm,含量15％。另外,还见有细粒长石、石英组成的扁长形的岩屑。基质为非晶质物质,无法分辨,含量70％。

定名:流纹岩。

标本 17

浅肉红色,主要矿物石英、钾长石和斜长石。石英,无色,不规则状,油脂光泽,粒径

15mm,含量 30%;正长石,肉红色,板状,粒径 5～25mm 不等,含量 35%;斜长石,白色,板状,粒径 3～8mm,含量 35%。巨粒结构,块状构造。

显微镜下:

主要矿物石英、钾长石和斜长石。石英,无色,表面干净;钾长石(微斜长石),无色,板状,具格子状双晶;斜长石,无色,聚片双晶,一级灰干涉色,由于颗粒较大,无法在显微镜下测量大小和估计含量。

定名:伟晶岩。

标本 18

灰黑色,主要矿物斜长石和辉石。斜长石,黄白色,针状反光,粒径 0.3～0.8mm,含量 60%;辉石,黑绿色,不规则粒状,粒径更小,含量 40%;微粒结构,块状构造。

显微镜下:

主要矿物斜长石和辉石,次要矿物绿帘石。斜长石,无色,长板状,粒径 0.3～0.8mm,聚片双晶,一级灰干涉色,含量 60%;辉石,无色-淡黄色,不规则粒状,粒径 0.5～1.0mm,含量 25%。绿帘石,微粒状集合体,异常干涉色,含量 10%。此外,还有磁铁矿和绿帘石蚀变的绿泥石。微粒结构。

定名:煌斑岩。

标本 19

浅灰白色,主要矿物有斜长石和角闪石;次要矿物石英和黑云母。石英,无色,粒状,油脂光泽,粒径 1～1.5mm,含量 15%;斜长石,白色,板状,粒径 0.5～2.0mm,含量 50%;角闪石,长柱状,黑绿色,粒径 0.5～2.0mm,含量 25%;黑云母,黑色片状集合体。中粒等粒结构;块状构造。

显微镜下:

主要矿物有斜长石和角闪石;次要矿物石英、钾长石、黑云母,副矿物有磁铁矿。斜长石,无色,板状,粒径 0.5～1.9mm,最高干涉色一级灰,斜消光,聚片双晶,含量 55%;角闪石,长柱状,横截面为菱形,具多色性,淡黄—黄绿色—嫩绿色,两组解理,正中突起,干涉色二级蓝,粒径 0.3～1.0mm,含量 15%;石英,无色,表面干净,粒径 0.5～1.3mm,含量 15%;钾长石(条纹长石),无色,板状,条纹结构,粒径 0.6～0.9mm,干涉色一级灰,含量 5%;黑云母,片状集合体,棕色,是角闪石退变的产物,含量 5%;不透明矿物,呈不规则粒状,可能是磁铁矿。

定名:石英闪长岩。

标本 20

红棕色,隐晶质结构,似蜂窝状,孔壁由红棕色的隐晶质或玻璃质物质组成。气孔构造。

显微镜下:

显微斑状结构,似蜂窝状,孔壁由红棕色玻璃质物质组成,内含有微粒石英和针状斜长石。气孔构造。

定名:浮岩。

五、实验安排

实验三:岩浆岩(一)

(1)认识并描述下列岩浆岩,提交岩石鉴定报告:

橄榄岩　　　　　　　　辉长岩

闪长岩　　　　　玄武岩

安山岩

（2）参观下列几种岩浆岩

辉石岩　　　　　闪长玢岩

辉绿岩

实验四：岩浆岩（二）

（1）认识并描述下列岩浆岩，提交岩石鉴定报告：

正长岩　　　　　　粗面岩

斑状花岗岩　　　花岗岩

流纹岩

（2）参观下列几种岩浆岩

细粒花岗岩　　　正长斑岩

花岗闪长岩　　　伟晶岩

煌斑岩　　　　　浮岩

第三章　沉积岩实验

一、沉积岩的实验目的与要求

沉积岩的实验目的与要求是：

（1）掌握各类沉积岩的特征（结构、构造、矿物成分和次生变化特征）。

（2）学会根据结构、构造和矿物成分进行沉积岩命名的方法。

（3）掌握手标本及镜下的观察描述方法，写出完整的常见沉积岩鉴定报告。

二、沉积岩的分类

沉积岩分为陆源碎屑岩、黏土岩、化学岩和生物化学岩三类，火山碎屑岩是岩浆岩和沉积岩之间的过渡类型。在对沉积岩进行鉴定时，应着重注意其颜色、矿物成分、结构和胶结物与胶结类型、构造等。肉眼鉴定时，同岩浆岩鉴定一样可借助放大镜、小刀、条痕板等用具外，对碳酸盐岩石的鉴定还需用稀盐酸滴试，实验时应耐心细致、认真观察，做到实事求是地分析描述。

层理构造是沉积岩的主要构造，其观察主要在野外进行，观察和描述的内容有：层理的厚度和规模；层理的类型及其特征；各种斜层理倾斜方向的测量；层理内部构造和构成方式的观察和描述。在室内岩石鉴定时，由于标本较小，大多无法观察到层理，当仍认为是层理构造。当然，我们所看到的是一块块岩石，也可以描述为块状构造。

（一）火山碎屑岩

火山碎屑岩是指由火山作用所产生的各种碎屑物堆积而成的岩石，它是火山熔岩与正常沉积岩之间的过渡类型岩石，因而在物质组成、成岩方式、结构构造和产状等方面都具有两重性。

1. 物质成分

火山碎屑岩主要由各种火山碎屑所组成，如火山弹、火山砾、火山砂及火山灰等，也含少量陆源碎屑等正常沉积物。因火山碎屑成分复杂，对其分类尚不统一。一般根据其物性特点分为刚性碎屑和塑性碎屑，据其组成和形态又可分为岩屑、晶屑和玻屑（属于刚性碎屑）以及浆屑（属于塑性碎屑）。

① 岩屑：岩石碎屑（包括早先形成的熔岩及火山通道围岩之碎屑），常呈棱角状，边部可见熔蚀现象，一般＞2mm。

② 晶屑：早先析出的矿物之碎屑，多呈棱角状，常见有蚀变，熔蚀等现象，裂纹发育。晶屑成分主要为石英、长石、云母等，而辉石、橄榄石少见。

③ 玻屑：由于熔浆骤冷先形成玻璃后又被崩碎而成的碎屑，多呈针状、管状、楔形和鸡骨状等。

④ 浆屑：为塑性碎屑，一般由高黏度的熔浆喷出尚未凝固时呈炽热可塑状态，堆积时又经变形而成。浆屑由于在塑性状态下破裂，在堆积时又被拉长压扁，故多呈火焰状、树叉状、撕裂

状等很不规则的外形（火山弹、火山泥球等也可归于这一类）。

除上述火山碎屑之外，还出现正常的陆源碎屑以及熔岩物质，随着这些物质含量的增高，逐步向沉积岩或熔岩过渡，反映物质成分上的过渡性特点。

2. 成岩作用方式

火山碎屑岩与侵入岩、熔岩不同，不是结晶成岩的，而是由于温度、压力的骤然变化来不及结晶，因而靠火山碎屑物的堆积、粘结而成岩。其粘结（或胶结）方法是不同的。

① 熔浆胶结：是靠岩浆本身的温度变化把火山碎屑粘结起来；

② 压紧固结；

③ 熔结：当黏度大的熔浆发生强烈爆发，形成火山碎屑流，堆积时温度高，火山碎屑靠本身的热量，使表面熔化及上覆物质的负荷压力下变形而熔结在一起；

④ 水化学沉积物、黏土矿物（包括火山灰分解产生的）的粘结。

上述不同的成岩作用方式在不同的岩石类型中的反映是不同的，有的表现为岩浆冷凝成岩的特点，有的则主要表现为象沉积岩那样的堆积、压紧、胶结成岩的特点。最主要的还是压紧固结的成岩方式。

3. 结构

火山碎屑岩的结构是指碎屑的类型及其大小和胶结类型特点。火山碎屑岩常见结构为碎屑结构，它由火山碎屑与胶结物所组成。碎屑结构又以其粒度可分为三个类型。

火山集块结构：碎屑粒径＞64mm 的集块含量＞1/5。

火山角砾结构：碎屑粒径 64～2mm 的角砾含量＞1/3。

火山凝灰结构：碎屑粒径＜2mm 的凝灰质含量＞2/3。

胶结物的成分可分为熔岩质的、黏土质的和水化学物质的等。胶结类型也是不同的，熔岩以粘结为主，晶屑和岩屑则以压紧固结为主，浆屑则以熔结为特点，也有水化学胶结。

在火山凝灰结构中，可以根据碎屑性质来确定结构类型，如以晶屑和火山凝灰质为主的，可以定为晶屑凝灰结构；碎屑以玻屑为主的，则可定为玻屑凝灰结构。而以浆屑为主的则是熔结凝灰结构。熔结凝灰结构是熔结火山碎屑岩类的特征结构，其碎屑主要由浆屑所组成，玻屑也可以占一定的量。碎屑之间没有次生的外来胶结物，而是靠火山碎屑堆积当时所具有的高温来粘结，就象金属焊接一样。有时出现少量晶屑及岩屑。当碎屑中火山砾量＞1/3 时，则可变为熔结凝灰结构。

4. 构造

常见构造有似层状、层状、角砾斑杂和假流纹构造。

假流纹构造是熔结火山碎屑岩所特有的构造，是由以浆屑为主的火山碎屑在堆积成岩时被压扁拉长而具定向排列所形成的。它并不是岩浆流动所致。

5. 产状

火山碎屑岩多在火山口附近形成火山锥、火山颈等，也有远离火山口而形成层状体的。它同火山熔岩常常共生而组成统一的火山机构。

6. 主要类型

火山碎屑岩以火山碎屑的含量和成岩作用方式分成三大类：

① 火山碎屑熔岩类（向熔岩过渡）；

② 火山碎屑岩类；

③ 火山沉积岩类（向沉积岩过渡）。

正常火山碎屑岩类根据成岩方式不同又分成三个亚类：①熔结火山碎屑岩亚类；②（狭义的）火山碎屑岩亚类；③层状火山碎屑岩亚类。

火山沉积岩则以火山碎屑与陆源碎屑的相对含量也分成两个亚类：沉火山碎屑岩亚类和火山碎屑沉积岩亚类。

在每个大类或亚类中进一步分类命名，则主要是以结构为根据的。如××集块岩、××凝灰岩等。具体命名时，火山碎屑的成分和类型也可以参加定名，如，安山质凝灰岩、流纹质玻屑凝灰岩、粗面质熔结凝灰岩等。这里应该强调的是，晶屑的成分及其矿物组合是至关重要的，因为它们直接反映该类岩石的成分特点。如安山质凝灰岩的"安山质"是由斜长石和角闪石晶屑的出现来确定的。

火山碎屑岩的分类及特征见表 3-1。

（二）陆源碎屑岩

陆源碎屑岩的结构包括碎屑颗粒结构，胶结物结构和杂基结构以及胶结类型（碎屑颗粒与胶结物、杂基的关系）。

1. 碎屑颗粒的结构特征

碎屑颗粒结构包括碎屑颗粒的粒度、碎屑颗粒的形状（圆度、球度和形状）及颗粒的表面特征。

（1）碎屑颗粒的粒度鉴定

粒度即碎屑颗粒的大小，常以毫米为单位或 ϕ 值为单位。根据水力学研究，碎屑颗粒大小不同其搬运和沉积方式不同，因此常按碎屑颗粒大小分为若干级，称为粒级。砾级＞2mm（巨砾（角砾）＞256mm、卵石 256～64mm、砾石 64～2mm）；砂级 2～0.05mm（巨粒 2～1mm、粗粒 1～0.5mm、中粒 0.5～0.25mm、细粒 0.25～0.125mm、微粒细粒 0.125～0.05mm）；粉砂级 0.05～0.005mm（粗粒 0.05～0.01mm、细粒 0.01～0.005mm）；泥级＜0.005mm 。

① 粒度大小的判别

粒度指碎屑颗粒的平均直径。如果是近圆形或卵圆形颗粒则取其平均直径描述，如果是扁圆形砾石则描述砾石的扁圆直径，如是长条状砾石则应描述长轴直径和短轴直径的大小。注意练习用肉眼正确目估颗粒直径大小。大的砾石可用尺直接测量。

② 分选性的判别

碎屑岩中颗粒均匀程度叫分选性或分选度。分选程度一般分三级：

分选好：主要粒级含量＞75％；

分选中等：主要粒级含量在 50～75％；

分选差：各粒级含量＜50％。

③ 粒度分类命名原则

含量大于50％的粒级为该岩石主要名称。含量在 25％～50％的粒级命名时在该粒级名称后加"质"字。含量在 5％～25％的粒级命名前加"含"字。岩石命名时采用少前多后的复合名称。例如，巨粒砂（2～1mm）含量占 15％，粗砂（1～0.5mm）含量占 55％，细砂（0.25～0.125mm）含量占 30％的砂岩，其结构命名为含巨粒的的细砂质粗砂结构。分选性为中等。

（2）碎屑颗粒的形状

主要观察碎屑颗粒的圆度、球度和形态。碎屑颗粒的形状与颗粒本身的性质（晶形、大小、硬度、解理及相对密度）、搬运方式（滚动、跳跃、悬浮）、搬运距离长短和搬运时间长短有关。因此对颗粒的形状观察是很重要的。

表 3-1

火山碎屑岩分类表
（据孙善平，1978，略修改）

类	向熔岩过渡的火山碎屑岩类	正常火山碎屑岩类			向沉积岩过渡的火山碎屑岩类	
亚类	火山碎屑熔岩类	熔结火山碎屑岩亚类	普通火山碎屑岩亚类	层状火山碎屑岩亚类	沉积火山碎屑岩亚类	火山碎屑沉积岩亚类
火山碎屑物相对含量	10%~90%	>90%	>90%	>90%	90%~50%	50%~10%
成岩作用方式	熔浆胶结	熔结状	以压紧胶结为主，也有部分火山灰分解产物胶结	火山灰水解物质胶结及压实紧胶结	化学沉积物及黏土物质胶结	
构造	火山碎屑物一般不具定向	具有明显的假流纹构造	层状构造一般不明显	韵律层理及成层构造明显	一般层状构造明显	

火山碎屑物粒度(mm)	岩石名称 / 构造	火山碎屑熔岩类	熔结火山碎屑岩亚类	普通火山碎屑岩亚类	层状火山碎屑岩亚类	沉积火山碎屑岩亚类	火山碎屑沉积岩亚类
>64 (>50)	粗 >128(>100) / 细 128~64(100~50)	集块熔岩	熔结集块岩	集块岩	层状集块岩	沉集块岩	凝灰质砾岩或角砾岩
64~2 (50~2)	粗 64~8(50~10) / 细 8~2(10~2)	角砾熔岩	熔结角砾岩	火山角砾岩	层状火山角砾岩	沉火山角砾岩	凝灰质砾岩或角砾岩
<2	2~0.0625 (2~0.05)	凝灰熔岩	熔结凝灰岩	凝灰岩	层状凝灰岩	沉凝灰岩	凝灰质砂岩
<2	0.0625~0.0039 (0.05~0.005)						凝灰质粉砂岩
<2	<0.0039 (<0.005)						凝灰质泥岩
以化学沉积物为主							凝灰质碳酸盐岩、硅质岩等

① 观察碎屑颗粒的圆度

圆度即是碎屑颗粒棱角磨蚀和保留程度。一般分为四级：

棱角状：碎屑颗粒的棱角均保留。

次棱角状：碎屑颗粒的棱角已磨蚀，但仍很明鲜。

次圆状：碎屑颗粒的棱角已磨圆，但仍可见磨圆的棱角。

圆状：碎屑颗粒的棱角都已磨圆。

一般观察标本和薄片时用比较法目测碎屑颗粒棱角的磨蚀程度，按以上四级分类。

② 观察碎屑颗粒的球度

球度是指碎屑颗粒接近球体形态的程度，常用颗粒长、中、短三轴长度来确定，如三轴长度近相等则球度好，三轴长度差大则球度差。因颗粒球度不仅决定磨蚀程度，在很大程度上决定原始形状和晶形。另外，球度和圆度并不完全一致，如球度好并不一定圆度也好，如晶形好的石榴子石，虽然球度好但棱角均明鲜，磨蚀很差仍为棱角状，而相反，磨圆好的扁平砾石，球度却很差。因此，在反映磨蚀程度恢复形成条件中，圆度的意义更大些。

③ 碎屑颗粒的形态

根据三轴比例关系分为四种形态：圆球体、扁球体、椭球体和长扁圆体。描述碎屑颗粒形状时，可综合描述，如该岩石碎屑颗粒磨圆较好，多数颗粒为圆状—次圆状，形态为圆球体和扁球体。

（3）碎屑颗粒的表面特征

观察碎屑颗粒的表面是否光滑、有无刻痕或霜面等，碎屑颗粒的表面特征用肉眼只能在砾石上观察，砂岩的碎屑颗粒表面特征要在电子扫描镜下观察。各种成因的碎屑在其表面上均可留下不同的特征，某些碎屑颗粒表面特征，可帮助恢复形成时的环境，因表面特征除与本身性质有关外，主要与搬运介质性质和搬运方式以及时间、距离有关。

肉眼观察河流砾石、风成砾石和冰川砾石的表面特征：河流砾石表面不太光滑，可见不规律凹坑；风成砾石表面光滑，有砂漠漆，有凹坑和皱纹；冰川砾石具窄而直的平直刻痕，丁字形痕，这些擦痕可以是平行的、杂乱的或呈格子状的，另外还可有撞击痕呈短而宽且粗糙的痕迹。

碎屑颗粒的结构，常用结构成热度来表示，即是指碎屑颗粒磨圆和分选达到终极的程度。如磨圆好，分选好、无杂基说明、结构成熟度高，相反，结构成熟度则低。

2. 碎屑颗粒的成分

碎屑颗粒的成分可分以岩屑、石英碎屑和长石碎屑为主，可肉眼进行初步鉴定，详细准确地鉴定还需要在显微镜下进行。

① 岩屑：主要分布在砾岩和岩屑砂岩中，在薄片中要正确鉴定岩屑类型，主要根据其中的矿物组合和结构，鉴定出岩屑名称。其中花岗岩、片麻岩、混合花岗岩等岩屑的含量应记入长石端元。硅质岩、石英岩、硅质再生结构石英砂岩等，其含量记入石英端元，而不稳定的火山岩屑、千枚岩、片岩、泥岩和粉砂岩屑等则为岩屑含量，并要指出不同岩屑含量的主次，为分析来源区提供依据。

岩屑要尽量根据矿物组合和结构确定岩屑名称，如花岗岩屑、混合花岗岩屑、花岗片麻岩屑其矿物组合相似，均由钾长石和石英、少量斜长石及少量黑云母组成，其区别为花岗岩为等粒中粗粒结构，混合花岗岩具有明显交代现象，如穿孔，蠕虫等。花岗片麻岩具有片麻构造，矿物有拉长定向特点，而且后二者的石英具明显波状消光现象，但有时较老花岗岩也可具波状消光，则需要结合地质情况加以综合鉴定。硅质岩屑为细晶和隐晶的集合体，干涉色为一级灰，单偏光下无色但较脏。石英岩屑为具有拉长的石英嵌晶结构。石英砂岩屑为具有硅质在生胶结的石英砂状结构。石英脉岩屑是由粗粒石英组成的具齿状嵌晶结构。粉砂岩屑由粉砂和黏土矿物组成。泥岩屑由极细黏土矿物组成的,常见其中水云母小片具二级干涉色。火山岩屑可根据其具斑状结构,基质为隐晶质或细晶质来确定。薄片中少数为无色、多数具褐色。根据长石号数,石英有无及黑云母和辉石、角闪石的出现,可确定火山岩屑类型。千枚岩和片岩可根据绢云母、绿帘石、黑云母等变质矿物和千枚构造、片理构造等鉴定变质岩屑。

② 石英碎屑:主要分布在砂岩和粉砂岩中。石英碎屑在薄片中为无色、透明,不具解理,正低突起,干涉色一级灰白,最高一级黄。一轴晶、正光性。除以上鉴定特征外,特别要注意观察石英的消光特征和包裹体特征。石英消光现象是有均匀的四明四暗消光,这样的石英碎屑主要来自岩浆岩,而且有波状消光的石英主要来自变质岩和部分岩浆岩,具裂纹状消光的石英来自受压力的母岩。

③ 长石碎屑:主要在粗—中粒砂岩中常见长石类碎屑,出现的长石主要是钾长石,有正长石和微斜长石,其次为酸性斜长石,中、基性斜长石少见。薄片中长石无色、透明,具二组解理,低突起,正长石和钠长石低于树胶为负低突起,表面比较脏。根据以上特点可与石英区别。各种长石之间的区别主要根据双晶特征。正长石:具卡氏双晶或无双晶,有时可见条纹结构。微斜长石:具有明显的格子双晶。酸性斜长石:具有明显的聚片双晶,可测定消光角确定长石号数,一般酸性斜长石聚片双晶比较窄。长石主要来自花岗岩、花岗片麻岩和混合花岗岩。长石易风化成高岭土,可以根据风化程度,确定来源区风化程度或搬运距离的远近。

④ 云母碎屑:常见白云母和黑云母碎屑。白云母在薄片中为无色,具闪突起,片状、一组解理完全,最高干涉色达二级末,近平行消光。黑云母在薄片中为深褐色或浅红褐色,有时为浅绿褐色,具很强的吸收性。解理平行下偏光方向吸收性最强,片状、一组解理完全,干涉色为二级。由于水化常降低双折射率。

⑤ 重矿物:重矿物种类很多,常见的如下。

电气石:绿色、黄褐色、蓝绿色及灰黄色,正中高突起,无解理,有裂纹具强的多色性及吸收性,当 c 轴即纵切面延长方向垂直下偏光时吸收性最强,颜色最深,平行消光,一轴晶,负光性。

锆石:无色或浅褐色。晶形为短柱状或正方双锥,晶体较小,正高突起,平行消光,干涉色为二至三级蓝、绿、深红色,有时可见环带结构。

磷灰石:无色或浅褐色。晶形为短柱状、粒状,正中突起,干涉色为一级灰,平行消光,负延性,一轴晶,负光性。

绿帘石:无色、黄绿色,具弱的多色性,正高突起,干涉色二级到四级,在一颗粒上可见干涉色很鲜艳而且不均匀。

⑥ 特征矿物:常见特征矿物有海绿石、黄铁矿等。其光学特征如下。

海绿石:为浅绿、黄绿、橄榄绿色,具明显的多色性,而呈细小鳞片状集合体者,多色性不明显。正中低突起,最高干涉色可达二级,但由于本身颜色影响,多数仍为绿色。

黄铁矿:不透明的立方体或呈褐色小方块。

3. 胶结物和杂基的结构特征

(1) 胶结物特征观察

胶结物是指化学或胶体化学沉淀的自生矿物,分布于碎屑颗粒之间起胶结作用的称胶结物。胶结物的结构包括胶结物的结晶程度、晶粒大小、排列方式和分布的均匀性等。

按结晶程度分为三类。①非晶质结构:标本见致密状非晶质结构,镜下无光性,呈均质体,如铁质、磷质胶结物的结构；②隐晶质结构：胶结物粒度细，肉眼不能分辨，在显微镜下仅有细小颗粒显示光性，无法鉴定光性，如玉髓胶结物；③显晶质结构：呈细粒、微粒结构。显晶质结构可根据晶体排列方式分为如下结构。

粒状结构：胶结物呈大小不等的他形晶粒镶嵌，排列无方向性。结晶粒度不大于碎屑颗粒。

薄膜结构（带状结构）：胶结物围绕碎屑颗粒分布呈薄膜状，或似呈条带包围碎屑颗粒。

再生结构（次生加大）：胶结物成分与碎屑颗粒成分相同，当胶结物结晶后，其光性与碎屑颗粒的光性一致，呈次生加大的颗粒。如，硅质胶结的石英砂岩，石英常呈次生加大的石英，但仍可见原碎屑颗粒的边缘。长石、方解石均可见次生加大现象。

丛生（栉状）结构：胶结物呈纤维状或柱状晶体垂直碎屑颗粒表面生长。

连声（嵌晶）结构：胶结物结晶呈粗大晶体，一个晶体可含一个或两个以上的碎屑颗粒，似碎屑颗粒镶嵌在一个大晶体中，是后生阶段胶结物重结晶形成大晶体所致。

按胶结物的化学成份可分为钙质、铁质、硅质和磷质等，手标本鉴定特征如下。

硅质：灰白色或乳白色，致密而坚硬，遇盐酸不起泡。钙质：灰白色或乳白色，硬度小，结晶粗大的可见解理面，滴冷稀盐酸起泡剧烈为方解石；如滴酸不起泡而粉末起泡或热酸起泡者为白云质。常可见连生结构和粒状结构。铁质：紫红色、红色、褐色，致密坚硬，如已风化为褐铁矿则不坚硬。磷质：灰色或灰黑色，致密坚硬，比重大，准确鉴定需磨薄片或做点磷试验。

光学薄片常见胶结物成分，结构特征如下。

硅质：无色透明，低突起。干涉色一级灰。结构特征有隐晶质、显晶粒状、丛生和再生结构等。钙质：无色透明、具闪突起。干涉色为高级白，发育菱形解理，聚片双晶。结构特征有显晶粒状、丛生、连生结构。铁质：不透明，呈暗红色。磷质：无色或呈浅黄色，突起中等，多为胶体非晶质不显光性，有的重结晶，具一级灰干涉色。结构为非晶质、隐晶质，薄膜结构等。

（2）杂基（基质）结构观察

杂基是粒度小于 0.0315mm（＞5Φ）的非化学沉淀物质。主要是黏土和细粉砂，也有泥屑碳酸盐等。与碎屑一起沉积的称原杂基，黏土颗粒主要为泥粒级的，同时混有细粉砂级石英等碎屑。黏土矿物在成岩后生阶段重结晶形成较粗颗粒称正杂基。另外有些不是同时沉积的，而是后来沉积填充的，或从相邻黏土层挤入的外杂基和假杂基。原生杂基含量才能反映岩石分选好坏。

4. 胶结类型观察

胶结类型是碎屑颗粒与胶结物、杂基之间的量比关系和结合方式。按碎屑颗粒与胶结物、杂基的数量多少和支撑关系分为颗粒支撑和杂基支撑，按结合方式分为基底胶结、孔隙胶结和接触胶结等类型。

杂基支撑：杂基含量较多，使碎屑颗粒彼此之间不接触地分散在杂基之中，而且彼此不接触。如铁质和钙质胶结的砂岩。

颗粒支撑：碎屑颗粒之间彼此相接，在其孔隙中可有胶结物胶结，含量较少。呈颗粒支撑的胶结类型有孔隙式胶结和接触式胶结。

孔隙胶结：碎屑颗粒之间孔隙中充满胶结物。其胶结物多为原生的，也有次生的。

接触胶结：胶结物较少，只充填于碎屑颗粒之间的细缝隙中，而碎屑颗粒之间的孔隙中无胶结物，为空洞。此类型可以是原生的，也可能是孔隙胶结类型的，其孔隙中胶结物被解带出。此类岩石不坚固，但孔隙性好。

5. 陆源碎屑岩描述内容及命名原则

陆源碎屑岩观察和描述内容:岩石的颜色;岩石结构:主要为碎屑结构,重点描述碎屑颗粒的结构(粒度,形状和表面特征);碎屑颗粒的成分及含量;胶结物成分及结构特征和含量;胶结类型和支撑关系;层理和层面构造类型。

在以上观察和描述的基础上综合命名,原则如下。

砾岩定名原则: 颜色＋粒度＋成分＋砾岩,如,土黄色中粒燧石砾岩。

砂岩定名原则: 颜色＋粒度＋成分＋砂岩,如,肉红色粗粒长石砂岩。

粉砂岩定名原则:颜色＋粒度＋成分＋粉砂岩,如,灰色细粒石英粉砂岩。

6. 砂岩的分类

砂岩是陆源碎屑岩中最常见的一类岩石,因此需对其进行更深入的分类。

曾允孚等(1984)先根据杂基的含量划分为两大类,即杂基含量少于15%的净砂岩(简称砂岩)和杂基大于15%的杂砂岩。不计杂基含量,砂岩和杂砂岩再依据三端元所代表的碎屑物质组分的相对百分含量用三角图进一步细分为7类岩石(图3-1)。石英端元包括:石英、燧石、石英岩和其他硅质岩岩屑。长石端元包括:长石以及花岗岩和花岗片麻岩类岩屑。岩屑端元包括:除石英端元和长石端元中的岩屑以外的其他岩屑以及碎屑云母和绿泥石。

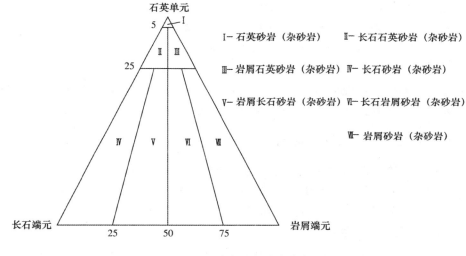

I— 石英砂岩(杂砂岩)　　II— 长石石英砂岩(杂砂岩)

III—岩屑石英砂岩(杂砂岩)　IV— 长石砂岩(杂砂岩)

V— 岩屑长石砂岩(杂砂岩)　VI— 长石岩屑砂岩(杂砂岩)

VII— 岩屑砂岩(杂砂岩)

图 3-1　砂岩和杂砂岩分类

(三) 黏土岩(泥质岩)

黏土和黏土岩的主要成分为黏土矿物,岩石结构很细,50%以上的粒度小于0.005mm。根据以上特征,从手标本和显微镜下确认黏土岩并不困难,但若准确鉴定出是哪一种黏土矿物成分,还需采用一系列特殊的鉴定方法,如电子显微镜法、X射线法、薄膜油浸法、染色法和热分析法。标本鉴定和描述内容如下。

1. 描述岩石的颜色

黏土岩的颜色是黏土矿物和混入成分以及沉积—后生作用阶段的物理化学环境的反映,描述时要分别描述原生色和次生色,命名时同碎屑岩可用复合名称。

2. 描述黏土岩的粒度结构

黏土岩的粒度结构是按黏土质点、粉砂和砂的相对含量来划分。一般可划分五个类型:泥状结构（黏土＞95％，粉砂＜5％）；含粉砂泥状结构（黏土＞75％，粉砂 5％～25％，砂＜5％）；粉砂泥状结构（黏土＞50％，粉砂 25％～50％，砂＜5％）；含砂泥状结构（黏土＞70％，粉砂＜5％，砂 5％～25％，）；砂泥状结构（黏土＞50％，粉砂＜5％，砂 25％～50％）。从泥状结构到砂泥状结构，含砂量增加，颗粒变粗，标本鉴定时可根据岩石断口粗细程度来区别。

3. 鉴定和描述黏土矿物成分和混入成分

黏土矿物由于细小很难肉眼鉴定，但根据物理性质可以初步鉴定单矿物黏土，常见的如有遇水体体积膨胀性质的为蒙脱石（胶岭石），具有强吸水性而表现粘舌头的为高岭石，具鳞片状并呈现丝绢光泽者为水云母，绿—橄榄绿色粒状为海绿石等。

混入物成分可根据其颜色和物理性质区别，常见混入物有硅质为致密、坚硬；钙质加稀盐酸起泡；铁质为红色或褐色；含有机质为黑色不染手；含碳质为黑色且染手。

4. 描述黏土矿物集合体形态结构

黏土矿物集合体形态有四种结构。胶状结构：岩石由凝胶老化形成，可见脱水裂隙和贝壳纹，以及球颗；豆状结构：岩石中有大于 2mm 的豆粒，是由黏土矿物组成，一般无同心圆结构；鲕状结构：由黏土矿物组成的颗粒，小于 2mm，且具同心圆结构，其成分可混有铁质和有机质等；碎屑结构：未固结的黏土，被破碎后又被黏土胶结。

5. 描述黏土岩的构造

黏土岩常见构造为水平层理构造、层面构造和沿水平层理裂开的页理构造。具页理构造的黏土岩称页岩，不具上述构造的块状构造岩石称泥岩。

6. 命名

黏土岩命名时要按固结程度和页理发育程度定名为基本名称（泥岩或页岩），再依据颜色和混入物成分命名。名称包括：颜色＋混入物成分＋泥岩（页岩），如，紫红色砂质泥岩。

（四）化学和生物化学岩（内源岩）

组成岩石的沉积物在沉积盆地中通过生物沉积作用和化学沉积作用而形成的，其最原始的物质则主要来自陆源溶解物质和生物源，还有少部分来自深源（气热液和深部卤水）。其结构为粒屑结构、结晶（晶粒）结构和生物结构。

1. 粒屑结构的观察与描述

粒屑结构与陆源碎屑结构相似，也是由颗粒和胶结物、杂基（合称填隙物）组成。

现以碳酸盐岩为例观察粒屑结构。

（1）颗粒（也称粒屑或异化粒）

颗粒是在盆地内由化学、生物化学、生物的作用所形成固结或半固结的岩石，或生物体在盆地内由于水的机械作用使其破碎，在原地或短距离搬运沉积而形成的。共分五种类型。

① 内碎屑：主要是大小不同的碳酸盐岩碎屑，内碎屑的大小反映一定的形成环境，砾屑、砂屑常形成于高能环境，微屑、泥屑多出现于低能环境。实验时应注意观察内碎屑的大小及含量，确定结构类型。砾屑：大于 2mm，呈椭圆形、扁圆形，在平面上呈扁平砾石，在纵截面上可见多呈细长竹叶状；砂屑：2～0.063mm，呈圆状或椭圆状；粉屑：0.063～0.032mm，呈圆粒状；微屑：0.032～0.004mm，呈圆粒状；泥屑：小于 0.004nm，呈圆粒状；微屑和泥屑充填于粗颗粒之间时，则称泥晶基质。

② 生物碎屑（骨屑）：是由生物体破碎而形成的，尽管破碎也都具有一定的生物外形内部构造，因此可根据生物特征鉴定种属，加以定名。

③ 包粒：是在水搅动情况下边转动边凝聚而形成的，当其重量大于水的浮力时便沉积，因此一般大小都近相等。包粒按大小可分鲕粒（直径小于 2mm）和豆粒（直径大于 2mm）。鲕粒和豆粒内部构造相似，外形为圆状或椭圆状。鲕粒根据生长阶段和内部构造分为：原生沉积鲕（真鲕、薄皮鲕、负鲕、复鲕和假鲕）、同生变形鲕和成岩后生重结晶鲕（多晶鲕、单晶鲕）。

真鲕：是具同心圆或放射状包壳和核心的鲕。包壳厚度大于核心常为方解石碎屑、石英碎屑、生物碎屑等，包壳由微晶或泥晶方解石组成的同心圈，同心圈越多说明形成时能量越高。薄皮鲕（表面鲕）：同心圆壳较薄，有时只 1～2 圈，核心较大，因此包壳厚度小于核半径。负鲕：核心为空的。这种空心鲕可能有两种成因，一是负鲕是以气泡或水滴为核心形成的鲕；另一种负鲕核心是可溶盐，后被溶解淋滤而形成空心的鲕。复鲕：在包壳中包了两个以上的鲕者称复鲕。假鲕：外貌与鲕相同，但无同心圆放射状包壳，内部均一者称假鲕。变形鲕：因受力而改变了圆状形态的鲕，常是在同生或成岩阶段受水流搅动，失水收缩，重结晶膨胀、压固作用等力的影响，使鲕变形而形成的变鲕形，其形态多样。变晶鲕：在成岩和后生阶段由重结晶作用改变了鲕的内部结构构造，而形成粗大的方解石晶体组成，即为单晶鲕。

④ 球粒（团粒）：由泥晶碳酸盐矿物组成的颗粒，一般呈卵圆形，内部结构均一，颗粒大小为 0.03～0.02mm，根据成因分藻球粒、真球粒、似球粒。

⑤ 团块：由小生物和小球粒聚合的颗粒、外形不规则。

（2）亮晶（淀晶）胶结物

亮晶胶结物是以化学方式沉淀的碳酸盐矿物，充填于颗粒之间起胶结作用，晶粒常大于 0.01mm，常存在于颗粒分选好、数量多的岩石中，而且与颗粒间界限清楚、呈突变接触。亮晶之间界面平直，有时可见世代关系。胶结物本身结构同陆源碎屑岩的胶结物结构。

（3）泥晶基质（灰泥）

泥晶基质相当陆源碎屑岩的杂基，但它不是陆源的，而是在盆地内形成的细小的碳酸盐矿物碎屑，充填于颗粒间起胶结作用。泥晶基质易重结晶似亮晶胶结物，要注意它们彼此的区别。亮晶胶结物与重结晶的泥晶基质的主要分别如下：

① 亮晶胶结物晶体浑暗，常可见泥晶残余，晶粒间也常有残余的泥晶。

② 亮晶胶结物晶体间的接触面多是平直的，而泥晶重结晶的晶体之间的接触而是不规则的，多呈锯齿状。

③ 亮晶胶结物晶体可见生成先后的世代关系，常见呈 2～3 个世代结晶，一般第一世代晶体较小，围绕颗粒呈栉状结构的针状或小柱状晶体；第二世代晶体充填于孔洞中呈较大的晶体。如有孔洞还可生长第三、四世代晶体，而泥晶重结的晶体无世代关系。

④ 亮晶胶结物与颗粒之间的接触界限明显清晰，多呈突变接触，不破坏颗粒边界。泥晶重结晶后与颗粒的界线不清，可穿切破坏颗粒边界呈复杂的齿状。亮晶胶结物充填于颗粒磨圆好、分选好的颗粒支撑的粒间孔隙中间，胶结物少于颗粒含量。重结晶的泥晶含量常多于颗粒。

（4）支撑关系与胶结类型

支撑关系与陆源碎屑岩相似，分基质支撑和颗粒支撑。胶结类型也可分为基底胶结、孔隙胶结和接触胶结。

2. 结晶结构（晶粒结构）

结晶结构是岩石由不同结晶程度和大小的晶粒镶嵌的结构。结晶结构的成因可以是沉积的、重结晶或交代作用形成的。结晶结构应分别观察和描述结晶程度，如是显晶质应描述晶粒大小、自形程度和晶粒之间的关系。

① 结晶结构按晶粒大小可分为：巨晶（＞4mm）、极粗晶（4～1mm）、粗晶（1～0.5mm）、中晶（0.5～0.25mm）、细晶（0.25～0.05mm）、粉晶（0.05～0.03mm）、微晶（0.03～0.004mm）和隐晶（＜0.004mm）结构。

② 观察晶粒的相对大小：是等粒、不等粒或斑状的。

③ 观察结晶的自形程度：是自形、半自形或他形的。

④ 观察晶粒之间界线：是平直的还是弧形或齿状的。

综合描述结晶结构，如中细粒、不等粒、半自形晶结构。注意有些结晶结构不都是原生的。重结晶作用形成的结构与原生结构相似，要注意区别。当重结晶作用较完全时，单根据标本和薄片不易区别，要在野外露头上认真观察。一般可根据以下几点鉴定重结晶结构。

① 重结晶作用形成的晶粒常为不等粒。

② 晶粒较脏，常包裹有杂质，或在晶粒边缘有杂质。

③ 如在应力作用下重结晶的，矿物常见定向排列。

④ 常保留有残余结构。

⑤ 重结晶作用可破坏原来的构造而呈均一构造。

3. 生物结构（生物骨架结构）

生物结构是指原地生长的底栖生物和造礁生物所具有的结构，是由生物骨架和生物化学组分组成的，也称生物骨架结构。应描述造架生物的种属及其组构特征；充填于骨架间的附架生物的种属及组构特征；泥晶基质和亮晶胶结物的组构等特征。

4. 交代结构

交代结构是易溶盐岩中一种矿物被另一种矿物交代而形成的结构，如，白云石交代方解石形成白云岩化灰岩，是代表形成环境发生改变而形成的矿物取代关系。可根据以下特征来鉴定。

① 交代矿物与被交代矿物之间的界限常呈齿状，尖端指向被交代矿物。

② 交代矿物常呈较好的晶形，如白云石交代方解石后呈菱形自形晶。

③ 交代矿物有时呈被交代矿物的晶形，称假晶，是交代原矿物而形成的。

④ 交代新生成的矿物中常保留有被交代矿物的残余。

在鉴定交代结构时要注意观察上述特征，查明交代与被交代的关系。另外还要注意交代的次数和顺序，为了解沉积岩形成的沉积、成岩、后生各作用历史提供依据。

5. 碳酸盐岩石类型鉴定

首先应对标本进行观察，从宏观上鉴定岩石的颜色、成分、结构和构造。然后在显微镜下鉴定岩石薄片，详细鉴定成分、结构和构造以及成岩后生变化等。标本和薄片鉴定是相辅相承的，互相补充以便正确定名，为分析形成提供重要依据。

（1）鉴定和描述岩石的颜色

岩石颜色描述时其方法同陆源碎屑，要分清新鲜面颜色和风化面颜色，因为颜色反映组成物质成分、形成环境以及后生变化等，描述可采用复合色，如，灰白色、黑灰色等，主要颜色放后，次要颜色放前。

（2）鉴定和描述组成成分

① 鉴定碳酸盐矿物的种类和含量。碳酸盐矿物的种类和含量是岩石定名基础，碳酸盐矿物较多，但常见的矿物为方解石和白云石，其特征相似。鉴定时可根据以下几点加以区别：加

冷稀盐酸起泡程度;晶形及其内部构造;双晶带与菱形解理对角线关系;茜素红染色反应等,即可将方解石和白云石区别开。然后根据其含量确定岩石成分名称(表3-2),如灰岩、白云岩及其一系列过渡岩石名称。

② 鉴定岩石中黏土矿物的含量。碳酸盐岩中经常混有黏土矿物,其含量的多少影响岩石成分和定名。要获得准确的含量通常是做不溶解残余测定,即用10%的盐酸溶解样品得到不溶解的黏土后称重,计算百分含量。标本鉴定时可以根据岩石致密细赋程度,和滴酸后留下的泥痕程度,起泡越弱并留泥痕越明显含泥越多。根据含泥质的多少定岩石名称时参见表3-2。

③ 鉴定陆源混入物的成分和含量。陆源混入物主要是石英和长石的碎屑,粒度比较小,多为砂或粉矿。

④ 鉴定非碳酸盐自生沉积矿物的种类和含量。非碳酸盐自生沉积矿物常是有石膏、硬石膏、重晶石和海绿石等,它们都具有反映成因的意义。

(3) 鉴定和描述岩石的结构

碳酸盐岩的结构类型主要根据其组分特征及量比来划分的。关于碳酸盐结构分类很多,并尚有争议,暂采用本书建议的结构—成分分类。

① 首先观察粒屑含量的多少或颗粒与填隙物的支撑关系,确定是粒屑结构,还是结晶结构或泥晶结构。

② 如果是粒屑结构,应观察颗粒的类型及含量;亮晶胶结物成分,结构和含量;泥晶基质特征及含量。

③ 如果是结晶结构,应观察晶粒大小,自形程度,相互关系和形成阶段,并注意是否有残余结构,从而判断是否是重晶作用或交代作用形成的。

④ 如果是生物结构,则应观察主要和次要生物种属及结合方式和填隙物特征。

⑤ 观察孔隙大小、形态及成因。

(4) 观察和描述构造特征

在碳酸盐岩中常见各种层理构造、结核、缝合线等构造。

表 3-2 碳酸盐岩成分分类表

	岩石名称	方解石含量	白云石含量	泥质含量
石灰岩类	石灰岩	>90%	<10%	<10%
	含白云石灰岩	90%~75%	10%~25%	<10%
	白云质灰岩	75%~50%	25%~50%	<10%
	含泥白云质灰岩	75%~50%	25%~50%	10%~25%
	含白云石泥质灰岩	75%~50%	10%~25%	25%~50%
	泥质灰岩	75%~50%	<10%	25%~50%
	含泥灰岩	90%~75%	<10%	10%~25%
白云岩类	白云岩	<10%	>90%	<10%
	含灰白云岩	10%~25%	90%~75%	<10%
	灰质白云岩	25%~50%	75%~50%	<10%
	含泥灰质白云岩	25%~50%	75%~50%	10%~25%
	含灰泥质白云岩	10%~25%	75%~0%	25%~50%
	泥质白云岩	<10%	75%~50%	25%~50%
	含泥白云岩	<10%	90%~75%	10%~25%

（5）成岩后生变化观察和描述

主要是观察和描述重结晶作用程度,重结晶晶粒的大小;残余结构特征;交代作用特征和规模;后期细脉穿切和发育程度等。

（6）定名

岩石名称应包括:颜色＋结构＋成分名称,如,紫红色亮晶鲕粒灰岩。

三、沉积岩的鉴定描述顺序

结构是沉积岩的主要描述内容。火山碎屑岩应描述碎屑的类型及其大小和胶结类型特点;陆源碎屑岩应描述碎屑颗粒的粒度、成分、大小、磨圆度和分选性,胶结物成分和胶结类型;黏土岩的结构应区分泥状结构、含粉砂泥状结构、粉砂泥状结构、含砂泥状结构及砂状结构;具有粒屑结构的内源岩应观察与描述颗粒和胶结物、杂基(合称填隙物)特点。但对于纯化学结晶作用形成的岩石,则主要描述结晶程度(颗粒大小)、矿物成分等特点。

沉积岩的种类较多,不同类别之间的结构、构造、成分等性质差异很大,其总体上的描顺序为颜色—结构—颗粒或矿物成分—构造—定名。

四、沉积岩鉴定举例

标本 21

土黄色,碎屑结构,碎屑的主要成分为燧石(胶体 SiO_2)粒径 3～15mm 不等,含量 85%,次圆状,分选差,泥质胶结物,胶结类型为基底胶结,杂基为粉砂和黏土物质。层理构造(块状构造也可)。

显微镜下:

薄片中只有砾石,为燧石,隐晶质。

定名:石英砾岩。

标本 22

风化面红色,新鲜面白色,碎屑结构,碎屑的主要成分为石英,油脂光泽,粒径 0.5～1.0mm,含量 95%,次圆状,分选好,硅质胶结物,孔隙胶结。层理构造(块状构造也可)。

显微镜下:

碎屑结构,碎屑的主要成分为石英,无色,一级灰干涉色,次圆状,粒径 0.5～1.0mm,含量 95%,分选好,硅质胶结物(再生石英胶结),孔隙胶结。

定名:粗粒石英砂岩。

标本 23

风化面红白色,新鲜面红色,碎屑结构,碎屑的主要成分为正长石和石英。石英,油脂光泽,粒径 0.3～0.8mm,含量 35%,次棱角状,分选一般;正长石,肉红色,板状,粒径 0.2～0.9mm,棱角状,分选一般,含量 55%;赤铁矿呈土状,红色。硅质和铁质胶结物,孔隙胶结。层理构造(块状构造也可)。

显微镜下:

碎屑结构,碎屑的主要成分为钾长石和石英。石英,无色,一级灰干涉色,次棱角状,粒径 0.3～0.8mm,含量 35%,分选一般;钾长石(正长石和微斜长石),无色,板状,一级灰干涉色,棱角状,粒径 0.2～0.9mm,分选一般,含量 45％;赤铁矿呈土状,红色,含量 15％。硅质和铁质胶结物,孔隙胶结。杂基为粉砂物质。

定名:红色粗粒长石砂岩。

标本 24

新鲜面深灰色,碎屑结构,碎屑的主要成分为斜长石和石英。石英,油脂光泽,粒径 0.1～0.2mm,含量 25％,次棱角状,分选一般;斜长石,灰白色,板状,粒径 0.1～0.3mm,棱角状,分选一般,含量 55％。硅质胶结物,孔隙胶结。层理构造(块状构造也可)。

显微镜下:

碎屑结构,碎屑的主要成分为斜长石和石英。石英,无色,一级灰干涉色,次棱角状,粒径 0.1～0.2mm,分选一般,含量 25％;斜长石,无色,板状,表面已强烈高岭土和绢云母化,粒径 0.1～0.3mm,棱角状,分选一般,含量 55％。硅质胶结物,孔隙胶结。

定名:细粒长石砂岩。

标本 25

风化面红色,新鲜面黄白色,碎屑结构,碎屑的主要成分为石英。石英,黄色颗粒,粒径 0.05mm 以下,含量 55％,次棱角状,分选好。颗粒之间为黄色的黏土矿物,泥质胶结物,孔隙胶结。层理构造(块状构造也可)。

显微镜下:

碎屑结构,碎屑成分为石英。石英,无色,一级灰干涉色,次棱角状,粒径 0.05mm 以下,分选好,含量 55％;颗粒之间为土黄色的黏土矿物,泥质胶结物,孔隙胶结。

定名:泥质粉砂岩。

标本 26

风化面土黄色,新鲜面深灰色,碎屑结构,碎屑的主要成分为石英和长石。石英,闪光的细小颗粒,粒径 0.03mm 以下,分选好,含量 25％;灰色的细小颗粒,可能为基性斜长石,粒径也在 0.03mm 以下,分选好,含量 55％。泥质胶结物,孔隙胶结。层理构造(块状构造也可)。

显微镜下:

碎屑结构,碎屑的主要成分为石英和长石。石英,无色,一级灰干涉色,次圆状,粒径 0.03mm 以下,分选好,含量 25％;长石,表面浑浊,粒径也在 0.03mm 以下,分选好,含量 55％。此外,还见云母片等。泥质胶结物,孔隙胶结。

定名:硬粉砂岩。

标本 27

紫色,凝灰结构,有灰黑色的玻璃质岩屑、长石晶屑、石英晶屑和黑云母晶屑。石英,油脂光泽,粒径 0.1～0.2mm,含量 7％;斜长石,白色,板状,一组反光的晶面,粒径 0.3～0.8mm,含量 10％;黑云母,片状,粒径 0.2～0.3mm,含量 5％;玻璃质岩屑,粒径 1.2～6.1mm 不等,含量 15％。基质为火山灰。块状构造。

显微镜下:

凝灰结构,由斜长石晶屑和黑云母晶屑组成。斜长石,无色,板状,一级灰干涉色,聚片双晶,粒径 0.3～0.8mm;黑云母,片状,棕色,粒径 0.2～0.5mm。基质为火山灰。

定名:紫色凝灰岩。

标本 28

灰色,火山角砾结构,土黄色的火山角砾位于深灰色的火山灰之中,火山角砾为隐晶质或玻璃质,粒径 2～15mm,含量 35％。基质为火山灰。块状构造。

显微镜下:

火山角砾结构,火山角砾和火山灰均为显微隐晶质。

定名:火山角砾岩。

标本 29

土黄色,泥质结构,由黏土矿物组成,层理构造。

显微镜下:

泥质结构,呈黄色的黏土矿物含量 95％,含有粒径 0.01～0.05mm 的石英颗粒,含量 5％。

定名:土黄色泥岩。

标本 30

土黄色,泥质结构,由黏土矿物组成,页理构造。

显微镜下:

泥质结构,呈黄色的黏土矿物。

定名:页岩。

标本 31

灰白色,微晶结构,由亮晶方解石和微晶方解石基质组成。亮晶方解石具菱形解理,遇盐酸起泡,硬度小于小刀,粒径 0.3～4.2mm,含量 35％;微晶方解石,颗粒小,仅能看到反光点,含量 65％。层理构造(块状构造也可)。

显微镜下:

微晶结构,由亮晶方解石和微晶方解石基质组成。亮晶方解石具菱形解理,闪突起,高级白干涉色,粒径 0.2～2.1mm,含量 35％;基质为微晶方解石,粒径多小于 0.01mm,闪突起,含量 65％。

定名:石灰岩。

标本 32

灰白色,粗晶结构,方解石和白云石矿物组成。方解石具菱形解理,遇盐酸起泡,硬度小于小刀,粒径 0.5～3.0mm,含量 65％;白云石,黄白色,它形,含量 35％。层理构造(块状构造也可)。

显微镜下:

粗晶结构,由粗粒方解石和白云石组成。方解石具菱形解理,闪突起,高级白干涉色,粒径 0.6～1.8mm,含量 65％;白云石具菱形解理,闪突起,高级白干涉色,具聚片双晶,并弯曲,双晶条带一组消光,另一组不消光,粒径 0.3～1.2mm,含量 35％。

定名:白云质石灰岩。

标本 33

灰黄色,粒屑(内碎屑)结构,内碎屑为不具内部构造,由泥晶碳酸盐组成的椭球状或杆状颗粒,小的几毫米,大到 80mm,形似竹叶;粒屑之间为亮晶方解石。层理构造(块状构造也可)。

显微镜下:

粒屑(内碎屑)结构,内碎屑为不具内部构造,由泥晶碳酸盐组成的椭球状或杆状颗粒,小的几毫米,大到 80mm,形似竹叶;粒屑之间为亮晶方解石,无色,闪突起,高级白干涉色,粒径 0.05～0.25mm,含量 10％。

定名:竹叶状灰岩。

标本 34

灰黄色,粒屑(内碎屑)结构,粒屑是 0.5mm 左右的淡黄色物质,含量 35%;亮晶方解石,白色,具菱形解理,粒径 0.2~0.6mm,含量 20%;微晶方解石,无色,含量 45%。层理构造(块状构造也可)。

显微镜下:

粒屑(内碎屑)结构,粒屑是 0.5mm 左右的淡黄色矿物单晶体集合体,方解石,表面浑浊,菱形,交角 70~72 度,正极高突起,高级白干涉色,不出现双晶,菱形晶体大小相近,0.15mm 左右,是鲕粒重结晶形成的,含量 35%;亮晶方解石,具菱形解理,闪突起,高级白干涉色,粒径 0.2~0.6mm,含量 20%;微晶方解石,无色,闪突起,粒径小于 0.02mm,含量 45%。

定名:鲕粒灰岩。

标本 35

灰色,生物骨架结构,由贵州珊瑚骨架、亮晶方解石和灰泥基质组成。贵州珊瑚骨架,圆形,近 5mm;灰白色,土状。方解石,白色,有反光面,菱形,粒径 0.15~0.17mm,含量 60%;灰泥基质,土状,隐晶质 20%。层理构造(块状构造也可)。

显微镜下:

生物骨架结构,由贵州珊瑚骨架、亮晶方解石和灰泥基质组成。贵州珊瑚骨,灰白色,土状。方解石,菱形,闪突起,高级白干涉色,粒径 0.15~0.17mm,含量 60%;灰泥基质,土状,显微隐晶质 20%。

定名:灰色珊瑚灰岩。

标本 36

灰黑色,含砂泥状结构,手触有砂感,含有砂粒;黑色染手,有机质含量较高。页理构造。

显微镜下:

含砂泥状结构,砂粒主要为石英,也有少量斜长石。石英,无色,次圆状,粒径 0.05~0.15mm,含量 40%;斜长石,无色,聚片双晶,次圆状,粒径 0.07~0.16mm,含量 5%;基质为隐晶质。

定名:灰黑色碳质砂质页岩。

标本 37

灰黑色,泥状结构,手触光滑,黏土矿物组成。页理构造。

显微镜下:

含砂泥状结构,砂粒主要为石英,无色,次圆状,粒径 0.01~0.025mm,含量 8%;基质为黄色隐晶质。

定名:油页岩。

五、实验内容安排

实验五:火山碎屑岩和陆源碎屑岩

(1) 观察和描述以下标本,写出岩石鉴定报告:

火山角砾岩　　　　　　　　砾岩

石英砂岩　　　　　　　　　长石砂岩

（2）认识和观察以下标本：

凝灰岩 　　　　　　　　　细砂岩

泥质粉砂岩 　　　　　　　硬粉砂岩

实验六：黏土岩和化学与生物化学岩

（1）观察和描述以下标本，写出岩石鉴定报告：

泥岩 　　　　　　　　　　页岩

石灰岩 　　　　　　　　　鲕状灰岩

（2）认识和观察以下标本：

白云质灰岩 　　　　　　　竹叶状灰岩 　　　　　珊瑚灰岩

碳质页岩 　　　　　　　　油页岩

第四章　变质岩实验

一、变质岩的实验目的与要求

（1）理论联系实际,掌握各类变质岩的特征(结构、构造、矿物成分及区别特征等)。

（2）学会根据结构、构造和矿物成分,对变质岩进行命名的方法。

（3）掌握野外岩石或手标本及显微镜下岩石薄片的鉴定描述方法,写出完整的岩石鉴定报告。最后,能够根据变质岩的分类体系和具体分类方案,准确地鉴定未知名变质岩的岩石类型,并能够准确地命名。

二、变质岩的分类

变质岩是由已经存在的岩石(岩浆岩、沉积岩和变质岩)经变质作用而形成的岩石。由于原岩类型复杂、种类繁多,又经受了不同程度的不同类型的变质作用,使所形成的变质岩石类型更为复杂,岩性变化更大,以致直到现在还没有一个包括所有变质岩石的统一分类。一般按变质作用类型将变质岩划分为区域变质岩类、接触变质岩类、混合岩化岩类、气成热液变质岩类和动力变质岩类五大类。

（一）区域变质岩类

区域变质岩是指经过区域变质作用,出现于前寒武纪古老结晶基底以及后期的造山带中形成的各种类型成大面积区域性分布的结晶质岩石。区域变质作用是在地壳一定深度区域性热流升高,在压力参与下,使岩石变质结晶、重结晶、变形及往往伴随混合岩化的一种变质作用。

常见区域变质岩石有板岩类、千枚岩类、片岩类、片麻岩类、变粒岩类、浅粒岩—长石石英岩—石英岩类、斜长角闪岩—角闪石岩类、钙、镁硅酸盐岩类、大理岩类、麻粒岩类和榴辉岩类等。现分述如下。

1. 板岩类

板岩是具有板状构造特征的浅变质岩石,由黏土岩、粉砂岩或中酸性凝灰岩经轻微变质作用所形成。原岩因脱水,硬度增高,但矿物成分基本没有重结晶或只有部分重结晶,具变余结构和变余构造,外表呈致密隐晶质,矿物颗粒很细,肉眼难以鉴别。有时在板理面上有少量绢云母、绿泥石等新生矿物,使板理面略显绢丝光泽。

板岩可进一步按新生矿物,或所含杂质命名。如,绢云板岩、绿泥板岩、绿泥绢云板岩、绢云绿泥板岩、碳质板岩、钙质板岩、粉砂质板岩和凝灰质板岩等。

2. 千枚岩类

千枚岩是比板岩变质程度较深的岩石,属于低温和较强应力作用下的产物,原岩基本上同板岩。岩石以千枚状构造为特征:在薄的片理面上具丝绢光泽和微细皱纹。岩石基本全部重结晶,新生矿物占据优势,变余残留物少。但颗粒仍很细小,通常在 0.1mm 以下。主要矿物成分是:绢云母、绿泥石、石英及钠长石等;副矿物可有磁铁矿、金红石、电气石以及碳质等。常见千枚岩类型有:绿泥千枚岩、绢云千枚岩、绿泥绢云千枚岩以及绢云石英千枚岩等。

千枚岩有一些浅变质的过渡性岩石。

板状千枚岩:保留板状构造,为千枚岩矿物组合,重结晶程度强,多数是含粉砂质成分较高的岩石。由于片状矿物含量低,结果使片状状构造不明显,但变质程度已高于板岩。

千枚状片岩:千枚状构造仍比较明显,但矿物组合中出现了铁铝榴石、十字石中级变质矿物或是出现了大量黑云母雏晶,说明岩石的变质程度已达到片岩变质程度。

当粉砂岩、砂岩及火山碎屑岩经轻变质与板岩、千枚岩相当时,其胶结物重结晶生成绢云母、绿泥石或是雏晶状黑云母。可是砂屑变化不大,仍保留原岩结构(变余结构)。这类岩石命名是原岩名称加"变质"二字,如,变质石英砂岩。新生矿物含量达到参加命名规定而明显可辨时,在原岩名称和变质二字中间加新生矿物名字,如,变质绢云石英砂岩。当岩石应力变质作用较强,岩石定向构造表现明显,可加构造形容词,如,千枚状变质凝灰砂岩。

3. 片岩类

岩石有明显片状构造、片状矿物及粒状矿物呈方向性排列。矿物主要是由云母、绿泥石、滑石、石英、长石、普通角闪石及透闪石组成,有时含有石榴石、十字石、帘石以及碳酸盐矿物。岩石中矿物粒度常大于 0.1mm。根据片状、柱状和粒状矿物组合可划分为云母片岩、云英片岩类、绿片岩类、角闪片岩类、镁质片岩类、钙质片岩类和蓝闪片岩类等类型。

(1)云母片岩、云英片岩

呈片状构造,主要矿物是黑云母、白云母、石英以及中酸性斜长石等所组成。可以有高铝特征性变质矿物,如,铁铝榴石、蓝晶石、十字石和红柱石等。常见类型有石榴十字二云片岩、石榴矽线二云片岩、十字蓝晶二云片岩、绢云石英片岩、绢云绿帘长英片岩、钠长绿泥绢云片岩以及石英片岩等。

(2)绿片岩类

岩石呈绿色,片状构造清楚。主要矿物组合是绿泥石、绿帘石、阳起石、钠长石和石英,常含有少数量的绢云母、方解石等。绿片岩是由基性岩、钠基性火山岩及成分相当的沉积岩变质而成。暗色矿物总含量一般>40%,长石是酸性斜长石(主要是钠长石)。命名时以最多的一种矿物作为基本名称,其他取次多的冠于前面,如,绿帘绿泥片岩、钠长绿帘绿泥片岩。

(3)角闪片岩类

片状构造。岩石主要由普通角闪石、石英所组成,常含有少量的绿帘石、黑云母及斜长石。角闪石一般>40%,矿物呈方向性排列,具明显片状构造。往往暗色矿物和淡色粒状矿物之间各自集中呈薄层状,这与继承原岩成分有关。当角闪石达到90%以上时则命名为角闪石片岩。常见的有:黑云角闪片岩、斜长角闪片岩、磁铁石英角闪片岩。

(4)镁质片岩(滑石—蛇纹片岩)类

岩石是由蛇纹石、滑石、绿泥石组成,常见次要矿物有透闪石、绿帘石、白云石以及菱镁矿等碳酸盐矿物,是超基性岩或含硅质富镁碳酸盐沉积岩变质而成。石英不多见,其含量<10%。镁质片岩命名和角闪片岩相同,以含量最多的矿物作为岩石基本名称,次多者加于前面,矿物名称不宜超过三种。其中一种矿物含量超过90%时则以该矿物命名。常见岩石类型有:蛇纹片岩、滑石片岩、菱镁滑石片岩、透闪滑石片岩和白云石蛇纹片岩等。

(5)钙质片岩类

原岩为钙质页岩或泥灰岩变质所成,组成矿物有碳酸盐矿物(方解石、白云石、云母、绿泥石、帘石、透闪石和石榴子石等）。碳酸盐矿物有时占优势含量（50％以上），呈片状构造。当碳酸盐矿物占优势而又可以定准时，可以该碳酸盐矿物名字命名，如，方解片岩。反之，则定为××钙质片岩。

（6）蓝闪片岩（蓝闪—硬柱片岩）

岩石多呈蓝色、蓝绿色，片状构造，细粒鳞片变晶结构。以含低温高压矿物—蓝闪石、铝铁闪石—钠闪石系列、硬柱石、硬玉、霰石、绿纤石、黑硬绿泥石及钠云母等为特征。岩石呈很强的变形、扭碎、片理化和构造透镜体化。原岩为各种酸—基性火山岩、基性浅成岩、辉长岩、泥质碎屑岩、富钙质沉积岩以及含铁硅质岩等。蓝闪片岩命名是以主要矿物加构造的原则，如，蓝闪绿泥片岩、硬玉蓝闪钠长片岩等。

4. 片麻岩类

岩石特征是具片麻状构造，暗色矿物和浅色粒状矿物集合体，各自聚集成连续、断续相间的平行排列条带状。结晶粒度为中粗粒，变质程度较比片岩深。主要矿物成分是长石、石英与一定数量的片状、柱状矿物。片麻岩可由不同类型的沉积岩、火山岩以至变质岩石而变成。按长英质与暗色矿物不同的组合，常划分成如下几种类型。

（1）云母片麻岩类（云母—长石片麻岩类）

片麻状构造明显，岩石主要由中酸性斜长石、石英及云母组成，常含有矽线石、蓝晶石、铝铁榴石等高铝矿物。其中长石加石英＞50％，长石常大于石英量，片状矿物含量通常＜25％，这也是片麻岩与云母片岩在含矿物量上不同之处。常见的类型有：黑云斜长片麻岩、含墨矽线石黑云斜长片麻岩、董青黑云斜长片麻岩、石榴黑云二长片麻岩和角闪黑云斜长片麻岩等。

（2）角闪片麻岩类（角闪—斜长石片麻岩）

岩石多呈灰绿色、绿色，片麻状构造，岩石主要成分是角闪石、斜长石、石英以及少量的黑云母、辉石组成，有时含石榴子石。浅色粒状矿物（长石、石英）一般＞50％，角闪石＞30％。根据角闪石和斜长石相对含量可以划分为斜长角闪片麻岩（角闪石＞斜长石）和角闪斜长片麻岩（角闪石＜斜长石）两类。

（3）透辉片麻岩类（透辉石—斜长石片麻岩）

原岩是砂质灰岩或钙质砂岩变质而成，常和大理岩成渐变关系。岩石呈片麻状构造，矿物成分是由透辉石、斜长石组成。常见有黑云母，角闪石、石英、钾长石、榍石和磷灰石。长石加石英＞50％，通常长石＞石英。透辉石在暗色矿物中占据主导地位。

5. 变粒岩类

变粒岩一词是原长春地质学院董申葆教授于1959年在辽东1:20万区测时，对一种细粒、等粒状变晶结构，块状构造，矿物成分以酸性斜长石、钾长石为主，含有一定量的石英、黑云母、角闪石、透辉石及电气石的岩石而命名的。以其组构和矿物成分上特点与片麻状的片麻岩及含深变质相矿物紫苏辉石、粒度较粗的麻粒岩相区别。由上可知，变粒岩其特征是：细粒，等粒它形一半自形粒状变晶结构，粒度在1mm以下（0.3～0.5mm为主），颗粒大小相近。矿物成分中长英质含量在50％～90％之间变化，一般是长石含量大于石英含量，甚至浅色粒状矿物几乎全部由长石组成。暗色矿物含量＞10％，一般不超过50％。

6. 浅粒岩、长石石英岩、石英岩类

岩石呈灰白色，细粒，等粒变晶结构，块状构造，为硅质岩、石英砂岩、长石砂岩或酸性火山岩变质而成，是中低变质产物。

浅粒岩：长石＋石英＞90％，长石含量＞25％，暗色矿物（云母、角闪石、电气石）含量

<10%。根据长石种类分别命名,如,钠长浅粒岩、微斜浅粒岩、二长浅粒岩(二种长石近于相等)。

长石石英岩:长石＋石英大于70%,10%<长石含量<25%,可含其他暗色矿物及副矿物,根据暗色矿物含量命名原则参加定名。还可进一步根据长石种类分为:斜长石英岩、钾长石英岩。

石英岩:石英含量大于70%,而长石含量<10%,往往有黑云母、角闪石、绢云母、帘石和电气石等暗色矿物出现。

7. 斜长角闪岩—角闪石岩类

岩石呈黑绿、绿色,粒度较粗(0.5～3mm),等粒镶嵌变晶结构,块状构造。条带状构造及芝麻点状构造也常见到。主要由斜长石、普通角闪石组成。斜长石为中性—基性斜长石。含有不多量的绿帘石、黑云母、辉石、石榴石,石英可有可无。在斜长角闪岩中,斜长石和角闪石由于重结晶二者表面张力不同呈现凹面相接触或近于半包裹镶嵌变晶结构,这在变粒岩中是难见到的。角闪石含量一般>50%,斜长石近于50%～10%之间变化。当角闪石>90%、长石<10%时,命名为角闪石岩。叠加变质常使斜长角闪岩呈片状构造,对这种岩石可称为片状斜长角闪岩。

8. 钙、镁硅酸盐岩类

(1)钙硅酸盐岩

岩石为灰白色、灰绿色。粒状变晶结构,块状构造。粒度由细粒到中粒,常见条带状构造。主要成分是透辉石、透闪石、方柱石、绿帘石和方解石等(含不多量的石英、长石、石榴石及黑云母等),为钙黏土质砂岩、含杂质灰岩、不纯白云质灰岩变质所成。常见类型有:透闪透辉变粒岩、方柱透辉石岩和透闪石岩。

(2)镁硅酸盐岩

镁硅酸盐岩为含杂质富镁碳酸盐或超基性岩变质所成。颜色比较深,以块状构造为主,也常见有条带状构造。粒度是细粒—中粒,粒状变晶结构为主。其主要矿物成分是镁橄榄石、斜硅镁石、粒硅镁石,透辉石,尖晶石、斜方辉石以及金云母等。由于晚期蚀变作用可以含一定数量的蛇纹石、水镁石、绿泥石矿物,不见有长英质矿物。岩石命名与钙硅酸盐岩相同,以主要含量矿物名子为基本名称,次含量矿物冠于前面,如,金云镁橄榄石岩、透辉镁橄榄石岩。如其中一种矿物含量>90%,则以该矿物名字命名,如,镁橄榄石岩、硅镁石岩等。含有特殊意义矿物如硼镁铁矿等,含量<5%加含字,>5%、<25%直接参加命名,如,含硼镁铁矿镁橄榄石岩、硼镁石金云镁橄榄石岩。

9. 大理岩

岩石呈白色、灰白色、等粒状变晶结构,块状构造。粒度是变化的,一般随变质程度加深而增大。碳酸盐矿物>50%。除了方解石、白云石、菱镁矿为主要成分外,可含各种钙镁硅酸盐和铝硅酸盐矿物,如,透闪石、透辉石、绿帘石、方柱石、石榴石、金云母、硅镁石、水镁石、镁橄榄石、蛇纹石和长石等。当原岩含硅质多时则出现石英。这些次要矿物可参与定名,如,石英大理岩。部分大理岩的颜色、构造常赋有特征性,当这些特征明显且有规律性时可以参加命名,如,灰色条带状白云石大理岩。

10. 麻粒岩类

麻粒岩是指一套淡色,由无水矿物所组成的长英质的片麻岩系。矿物成分有辉石、石榴石、蓝晶石,或矽线石、长石、石英和金红石等,是含有紫苏辉石等高温变质矿物组合的岩石。

长英质矿物由于挤压塑性变形,组成粗细不等的条痕、条带或扁平状透镜体,它们平行排列,交替出现,构成所谓麻粒结构。麻粒岩结构可有粒状变晶结构(花岗变晶结构)、多角形粒状变晶结构和豆芙状(扁长状)颗粒集合体结构。块状构造或定向构造(微片麻状—糜棱状)。

11. 榴辉岩类

一般为粗粒,粒状变晶结构、块状构造,主要矿物成分是由绿辉石(含透辉石、钙铁辉石、硬玉、锥辉石组分的单斜辉石)和含钙的铁镁铝榴石。可以含有少量的蓝晶石、斜方辉石、橄榄石、角闪石、石英和金红石,但无斜长石,这在岩相学上是重要的。榴辉岩呈似层状、透镜状、团块状伴生于麻粒岩、片麻岩、角闪岩中,或高压变质的蓝闪石片岩岩层中。此外,在金伯利岩、橄榄岩中也常含有榴辉岩包体。大多数榴辉岩具有和玄武岩相似化学成分。对于典型榴辉岩一般认为是地壳深部,温度压力较高的产物。

(二)接触变质岩类

接触变质岩按变质程度和成分可划分为:板岩、角岩、片岩、片麻岩和大理岩和矽卡岩。命名原则是基本名称加主要矿物加特征性的结构构造,如,碳质斑点板岩、长英角岩、条带状透辉角岩等。对变质程度低,明显保留原岩结构构造和矿物成分的岩石,加"角岩化"形容词,如,角岩化砂岩。

1. 板岩

板岩是保留较多的原岩残余结构变质程度低的黏土质岩石,具板状构造或是斑点状构造和瘤状构造,是热接触变质初期产物、没经受大量重结晶及重组合。新生的绢云母、绿泥石、石英(蛋白石脱水形成石英)雏晶或是碳质,粉末状铁质常成不规则状或椭圆状集合体散布于基质之中,构成斑点状构造或是瘤状构造。一般岩石粒度由 0.05～0.1mm 变化。当变质进一步加深时可出现黑云母、红柱石、堇青石等矿物,常以变斑晶存在,岩石逐渐向角岩过渡。在红柱石、堇青石晶体中往往含有碳质包裹物。常见类型有:碳质斑点板岩、绢云绿泥斑点板岩、黑云斑点板岩和红柱斑点板岩。

2. 角岩

原岩中组分基本上已全部重结晶,原岩的结构构造消失,呈细粒状变晶结构。通常矿物颗粒呈多边形不定向排列形成典型角岩结构,多呈致密块状构造。根据矿物组合进一步可以划分成下列几种角岩。

(1)长英角岩

原岩为砂岩、长石砂岩、石英岩和酸性火山岩经热接触变质形成的岩石。原岩中石英,长石发生重结晶,形成彼此银嵌的等粒变晶结构。视所含杂质的不同,可以有少量云母、红柱石、堇青石、石榴子石及透辉石等。原岩中石英、长石是比较稳定的,可根据胶结物变质的矿物出现情况确定其变质相。当石英或长石含量>90％以上地可以直接命名,如,石英角岩、长石角岩。

(2)云母角岩

原岩为泥质岩石变质而成,常呈等粒变晶结构、鳞片变晶结构和变斑状结构,块状构造。主要矿物成分是:黑云母、白云母、石英、钾长石和斜长石等。在细粒云母、长英基质中往往含有红柱石、堇青石变斑晶。当岩石 SiO_2 不足时可以生成刚玉或尖晶石矿物。

(3)大理岩

含意同区域变质的大理岩。虽按成因和结构上应划入角岩范畴,但习惯上仍采用大理岩名称。变质原岩是比较纯的石灰岩、白云岩经热接触变质作用,碳酸盐矿物重结晶而成。岩石是等粒状变晶,彼此镶嵌生长,为块状构造岩石。

（4）钙硅酸盐角岩

是以钙硅酸盐矿物为主要成分的岩石,常见矿物如,石榴子石、透辉石、方柱石、硅灰石、帘石和斜长石等。一般为细粒,花岗变晶结构。常具条带状构造,是泥质灰岩经热接触变质而形成。

（5）基性角岩

岩石颜色较暗,一般为粒状变晶结构及变斑结构,致密块状构造,常可见到变余辉绿结构、变余斑状结构、变余气孔和杏仁构造等,是基性-中性岩浆岩或成分相当的火山岩经热接触变质而形成的岩石。其主要矿物成分是透辉石、紫苏辉石、斜长石、角闪石、黑云母以及石英和石榴石等。

（6）镁质角岩

是蛇纹岩和硅质白云岩经热接触变质而形成的岩石。蛇纹岩可转变成橄榄石—紫苏辉石—斜绿泥石角岩和橄榄石角岩,温度较低时形成直闪石角岩。当白云岩含有相当数量氧化铝杂质时,则形成直闪石—堇青石角岩。

3. 矽卡岩

侵入岩与围岩接触除了热接触变质外,并由于携带各种挥发组分,通过交代作用使已凝固的岩浆岩和围岩改变了原岩成分,形成新的矿物和结构构造的岩石,称为接触交代变质岩,最典型的岩石为矽卡岩。矽卡岩是中-酸性侵入体与钙镁质碳酸盐岩石(石灰岩、白云岩)接触交代形成的岩石,根据碳酸盐性质及形成后不同的矿物组合又可划分为钙质矽卡岩可镁质矽卡岩两类。

（1）钙质矽卡岩（简称矽卡岩）

常见为暗色,暗绿色或暗棕色,如含硅灰石等浅色矿物多为淡灰色。结构变化复杂,一般颗粒粗大,呈不均匀粒状变晶结构,斑状变晶结构及包含变晶结构,斑杂状构造、块状构造,也可见到条带状构造和角砾状构造。主要组成矿物是石榴子石（钙铝榴石—钙铁榴石系列）、辉石（透辉石—钙铁辉石系列）。常含有相当数量的符山石、方柱石、硅灰石以及硅硼钙石、斧石、电气石、白云母和金云母等高温气成矿物。由于晚期热液作用还可以叠加一些含水硅酸盐矿物,如,阳起石、绿帘石、黝帘石、葡萄石、绿泥石及沸石等。

（2）镁质矽卡岩

是酸性侵入岩与富镁质碳酸盐岩石接触经双交代和渗滤形成的岩石。根据柯尔任斯基理论,它主要形成于深成环境下,和浅成的钙质矽卡岩相反,不出现钙硅酸盐矿物,如,符山石、钙铝榴石、硅灰石等,而代之以镁橄榄石、硅镁石、透辉石（紫苏辉石）和金云母等富镁的硅酸盐矿物。岩石常呈黄绿、浅绿、暗灰黄色。细粒—中粒,也常有粗大颗粒。一般是粒状变晶结构,斑杂状、团块状及块状构造常见。在接触带外部通常是过渡为含镁橄榄石或硅镁石及金云母的白云石大理岩,在内接触带可见到透辉石岩以及斜长石和钾长石等。常见有粗大颗粒的碳酸盐脉（白云石或方解石的）穿插及金云母囊状集合体不规则分布。

矽卡岩类岩石命名是以矽卡岩为基本名称,在基本名称之前加主要矿物名字。一般不宜超过三种,按含量少前多后的顺序排列。如其中一种矿物>90%,则以该矿物名称直接命名。对于原岩特征（矿物成分及组构）保留较多的岩石,在原岩基本名称之前加"矽卡岩化"形容词,如,矽卡岩化白云石大理岩。

接触变质作用除可形成以上类型的岩石外,也可形成片岩、片麻岩等区域变质作用中形成的岩石类型。

(三)混合岩化岩类

混合岩是在特定的注入变质条件下,由不同性质的原岩和岩浆汁经过一系列的相互作用(包括交代、结晶、重熔、重融和重结晶等作用)而混合生成。在这个过程中,渗透于原岩的岩浆汁是起着主导作用的,对原岩来讲是外来的。混合岩中的脉状体也主要是外来的物质组成,形成于地壳较深部位,由浅色花岗质和暗色镁铁质岩两部分组成。混合岩化作用较弱的混合岩,明显分出脉体和基体两部分。脉体是由于注入、交代或重熔作用而形成的新生物质;基体基本代表原来变质岩的成分。随着混合岩化作用增强,脉体与基体的界线逐渐消失,形成类似花岗质岩石的混合岩。依混合岩化程度不同,分为混合岩化变质岩类、混合岩类和混合花岗岩类。

混合岩类按构造特点分为条痕状混合岩、条带状混合岩、角砾状混合岩、眼球状混合岩及肠状混合岩等。

(四)气成——热液变质岩类

由地质作用产生的热气、热水溶液分别的或共同的作用于与其接触的岩石,使原来岩石的矿物成分和化学成分、结构、构造发生的变化或者生成新的岩石的变质作用叫做气成-热液蚀变作用。这种作用生成的岩石统称为气成-热液蚀变岩。

1. 云英岩化及云英岩

云英岩化主要表现为酸性侵入岩或其他成因类似的长英质岩石,在高温气体及热液作用下,含钙、镁、铁硅酸盐和铝硅酸盐矿物(如长石)被交代成石英和云母等矿物。主要岩石类型有:正常云英岩、富石英云英岩、富云母云英岩、黄玉云英岩、日光榴石云英岩、萤石云英岩、电气石云英岩和含矿云英岩等。

典型的云英岩一般呈块状构造,在显微镜下呈鳞片或显微鳞片花岗变晶结构、齿状花岗变晶结构等。齿状特点主要在石英、云母等矿物上表现出来。交代矿物发育。岩石中主要矿物含量变化很大,石英常大于 50%,云母 40%～50%,电气石、黄玉、萤石和绿柱石一般 20%～30% 以下。也常见由其他变质作用叠加生成的矿物。

2. 青磐岩化及青磐岩

青磐岩化:主要是发生在中基性火山岩及其碎屑岩内的一种气成-热液蚀变作用。由这种蚀变作用形成的岩石为青磐岩。青磐岩化的矿物组合一般是:

① 阳起石—绿帘石—钠长石组合;

② 绿帘石—绿泥石—钠长石组合;

③ 绿泥石—碳酸盐组合、含冰长石或不含冰长石的绿泥石组合和沸石组合。

钠长石、绿帘石、黄铁矿是青磐岩化的特征矿物。但绿帘石常为后期的低温绿纤石、葡萄石交代,钠长石被冰长石或正长石交代,这是青磐岩化的特征之一。当青磐岩受后期热液影响时,可能进一步发生沸石化、绢云母化、硅化等,同时生成石膏、重晶石、明矾石等矿物。在青磐岩中还可能有一些其他矿物,如黝帘石、金红石、磷灰石、黄铜矿、方铅矿和闪锌矿等。

青磐岩的岩石特征是:岩石一般是灰绿色、黑绿色等深暗颜色,在显微镜下具纤状变晶结构、细粒花岗变晶结构等。常见变余斑状、变余火山碎屑结构,块状、斑杂状、角砾状等构造。

3. 蛇纹石化及蛇纹岩

超基性(富镁质)岩石经气液交代作用而形成,主要为橄榄石和部分辉石转变成各种蛇纹石,形成蛇纹岩。蛇纹岩一般呈暗灰绿色、黑绿色或黄绿色,色泽不均匀,质软、具滑感。常见为隐晶质结构,镜下见显微鳞片变晶或显微纤维变晶结构,致密块状或带状、交代角砾状等构造。矿物成分比较简单,主要由各种蛇纹石组成。

4. 次生石英岩化及次生石英岩

次生石英岩是酸性和中性火山岩或火山碎屑岩,在近地表的浅处,受火山喷出的热气或热液的影响,交代蚀变而形成的岩石。一般呈浅灰、暗灰或灰绿等色,致密块状,细粒到隐晶质,具显微鳞片变晶结构和细粒粒状变晶结构以及变余斑状结构,常具有变余流纹构造,交代假象发育。次生石英岩的矿物成分主要是石英,可含有绢云母、红柱石、刚玉、明矾石、叶蜡石、高岭石和水铝石及黄玉、刚玉、电气石和黄铁矿、赤铁矿、硫黄和金红石等。

5. 黄铁绢英岩化及黄铁细晶岩

黄铁绢英岩化是半深成、浅成的中酸性、酸性岩石,在中、低温热液作用下形成的蚀变。其突出特点是在蚀变过程中,有大量绢云母生成(主要是交代斜长石、黑云母)。同时,还伴有硅化、碳酸盐化、黄铁矿化等,这种蚀变作用生成的岩石统称为黄铁绢英岩(黄铁细晶岩)。

黄铁绢英岩一般为浅灰色、翠绿黄色、浅绿色等。其矿物组成是:石英、绢云母、黄铁矿、碳酸盐和绿泥石等。岩石具块状构造。在显微镜下为中细粒花岗鳞片变晶结构、鳞片花岗变晶结构等。

除以上的岩石类型外,气成—热液蚀变岩的岩石还有绢云母化、绿泥石化、硅化、滑石化、碳酸盐化、钠长石化、绿帘石化、钾长石化和萤石化形成的岩石。

(五)动力变质岩类

动力变质岩为各类岩石受动力变质作用的改造而形成。在构造断裂带内的岩石,受不同性质应力的作用和影响,发生破碎、变形、重结晶等,形成一种具有新的结构、构造的岩石。动力变质岩明显的受构造断裂带的控制,而且多呈狭长的带状。深大断裂带具有双层结构,即在地壳浅部表现为脆性断层,而在深部 $5\sim10km$ 以下,由于温度压力增大,岩石出现塑性变形,表现为韧性断层。断层岩也相应地分为与脆性断层伴生的碎裂岩(系列)和与韧性剪切带伴生的糜棱岩(系列)。

碎裂岩(系列)为紊乱结构,依据碎裂颗粒大小分为:断层角砾岩($>2mm$)、碎粒岩($2\sim0.1mm$)和碎粉岩($<0.1mm$)。糜棱岩(系列)的特点是颗粒细小,具有固态流动造成的条带状定向构造。糜棱岩的细粒化不是研磨成的,是塑性变形动态重结晶的结果,是原岩中初始大颗粒细粒化变成许多亚颗粒和新生颗粒的集合体。根据其韧性基质含量,糜棱岩划分为初糜棱岩、糜棱岩和超糜棱岩,基质各占为 $10\%\sim50\%$ 和 $50\%\sim90\%$ 及 $90\%\sim100\%$。主要由层状硅酸盐矿物,比如云母、绿泥石等组成的糜棱岩称之为千枚状糜棱岩,简称为千糜岩。随着深度温度增加,变质重结晶增强,变晶颗粒变大,面理发育,可形成构造片岩、构造片麻岩,其特征与区域变质形成的片岩、片麻岩在结构上相似,只是产出于一个窄带内。

此外,还有冲击变质作用,洋底变质作用所造成的一些特殊类型,这里仅作简单介绍。冲击变质是动力变质的一个特殊类型,它以特别快速变质能使岩石生成高比重矿物,如,霰石、柯石英。同时产生从轻微震裂岩、角砾岩及熔融而形成的玻璃质岩石,它多与陨石冲击岩石或是潜火山构造的环形破裂体系有关。洋底变质作用在大洋中脊峰之下发生,是由于地热梯度高和洋底扩张侧向移动所导致的。通常是一些变质程度不强的基性岩和超基岩石,如,变质玄武岩、变质辉长岩、蛇纹岩等。为弱片状,大部保持其原来结构,重结晶作用不完全。

三、变质岩的鉴定描述方法

变质岩鉴定描述以构造、结构、矿物成分为主,先野外岩石或手标本而后镜下。

(一) 手标本的肉眼鉴定描述方法

1. 颜色
观察岩石全貌,描述总体颜色。

2. 构造
变质岩的构造分为两类:变余构造(仍部分保留原岩的构造特征)、变成(质)构造(变质作用后形成的构造)。正变质岩(原岩为岩浆岩)中常见的变余构造有:变余气孔构造、变余杏仁构造、变余流纹构造等。副变质岩(原岩为沉积岩)中常见的变余构造有:变余层理构造、变余泥裂构造、变余波痕等构造。常见的变质岩的变成构造有:斑点状构造、板状构造、千枚状构造、片麻状构造、条带状构造及块状构造等;混合岩的构造有:网脉状构造、角砾状构造、眼球状构造、条带状构造、肠状构造、阴影状构造和云雾状构造等。

(1) 斑点状构造:在变质作用初期,由于温度升高及化学溶媒的不均匀分布,使原岩中某些成分首先集中,不均匀地围绕着某些中心起化学反应,产生新矿物,结果就出现形状不一、大小不等、模糊不清的斑点。常见的有碳质、铁质物质,或空晶石、堇青石、云母等矿物的雏晶,它们此时的外形和光学特征均不明显。

(2) 板状构造:它是由泥质岩低级区域变质作用而成。在应力作用下,岩石中出现了一组互相平行的劈理面,使岩石沿劈理面形成板状。它与原岩层理平行或斜交。劈理面常整齐而光滑,常见发微弱闪光的绢云母、绿泥石等细小鳞片。

(3) 千枚状构造:特征是岩石中的鳞片状矿物呈定向排列,但因粒度较细,肉眼不能分辨矿物颗粒,仅在片理面上见有强烈的丝绢光泽,这是由于绢云母微细鳞片平行排列所致。可劈开成薄片状,断口呈参差不齐之皱纹状。

(4) 片状构造:岩石主要由石英、云母、绿泥石、滑石和角闪石等粒状、片状或柱状矿物所组成,它们呈连续的平行排列,一般粒度较粗,肉眼能分辨矿物颗粒,以此区别于千枚状构造。

(5) 片麻状构造:岩石主要由浅色粒状矿物(石英、长石等)和一定数量呈定向排列的深色片状或柱状矿物(黑云母、角闪石、辉石等)组成,后者在浅色粒状矿物中呈不均匀的断续分布。

(6) 条带状构造:是指在某些变质岩和混合岩中,以石英、长石、方解石等粒状矿物为主的浅色条带和以黑云母、角闪石、辉石等片状、柱状矿物为主的暗色条带,各以一定的宽度成互层状出现,形成颜色不同的条带状。若条带的宽度变化较大,呈不连续分布,则称为条痕状构造。

(7) 块状构造:岩石各组成部分的成分和结构是均一的,无气孔,矿物排列没有一定次序,也没有一定方向性。

(8) 网脉状构造:长英质脉体不规则地穿切基体,呈细脉状、分支状和网状分布。脉体数量较少,宽窄不定,有时尖灭,有时一端变成大小不等的透镜体状连续排列。

(9) 角砾状构造:颜色较深的原岩呈角砾状(也有的为圆砾状),其大小不等,砾径相差悬殊,砾石排列可能是杂乱的,也可呈方向性。角砾间为混合岩化作用形成的长英脉体。

（10）眼球状构造：是在混合岩或变质岩基体中，由混合岩化作用形成较大的眼球状的变斑晶或矿物的集合体所成的构造特征。"眼球体"的长轴多呈定向，有时也杂乱。

（11）肠状构造：是条痕状或条带状混合岩在动力作用下的塑性变形，形成似肠状的弯曲、褶皱等。

（12）云雾状构造：是基体的物质与脉体物质的强烈混合而形成，二者之间似能够辨认又辨认不清的浑浊状，以及显示极细的网状、残留小块、斑点、似流动状等特点。

3. 结构

变质岩的结构种类繁多，变化也大。而每一种结构，只是反映了变质岩在结构特征上的某一个侧面。变质岩的结构一般分三类，即变余结构、变晶结构、交代结构和碎裂结构。在观察变晶结构时，一般先从粒度相对大小开始（等粒变晶结构、不等粒变晶结构、斑状变晶结构），再观察粒度的绝对大小（粗粒变晶结构＞3mm，中粒变晶结构3～1mm，细粒变晶结构＜1mm，显微变晶结构），然后进一步观察相互关系。对于斑状变晶结构，则应分别观察变斑晶和变基质的结构特点等。总之，对结构应全面地观察研究。

描述命名时，对变晶结构可根据粒度大小、颗粒形状、相互关系，择其主要者给予命名。对于过渡类型的结构，可将主要的放在后面，次要的放在前面，如鳞片花岗变晶结构，即说明花岗变晶结构是主要的。有不同类型结构同时存在时，应分别描述命名。对斑状变晶结构的岩石，变斑晶和变基质要分别命名，如，鳞片粒状变晶基质的斑状变晶结构。

研究变质岩的结构、构造特点，可以帮助我们了解变质岩的形成过程及其所经受的变质作用类型、作用因素、作用方式和程度，对变质岩的分类命名也有极其重要的意义。

4. 矿物成分

变质岩的矿物成分非常复杂，几乎可以有沉积岩、岩浆岩中的所有矿物，还有一些特征变质矿物。与岩浆岩一样，不同的变质岩有其不同的矿物共生组合，一些矿物是不可能在一块标本中出现的，如，蓝晶石、矽线石、红柱石不共存。因此，记住常见变质岩的矿物组合，对准确鉴定很重要。

对用肉眼和放大镜可以看见矿物的等粒变晶结构的岩石，以矿物百分含量的多少为顺序依次进行描述；若为斑状变晶结构，则先描述变斑晶而后描述变基质，并估计其百分含量。描述时尤其要注意变质矿物的特点，如颜色、形态、光泽、透明度、硬度及颗粒大小等。

5. 断口特征

致密隐晶质岩石，如某些角岩常具贝壳状断口；结晶粒状岩石，如片麻岩常具不平坦断口。

6. 其他特征

变质岩除具上述特征外，还有一些其他特征，如，岩石中有无细脉穿插或小褶皱等。

7. 初步命名

根据岩石的构造、结构和矿物成分对变质岩进行初步命名。

构造和结构在变质岩命名中具有重要地位，应十分重视对变质岩构造的观察和描述。有的变质岩则根据变质岩的构造来命名的，如，区域变质岩和热变质岩中的板岩、千枚岩、片岩和片麻岩等；有的变质岩就是根据变质岩的结构来命名的，如，动力变质岩中的碎裂岩、碎斑岩、糜棱岩、千糜岩、糜棱千糜岩及玻状岩等。一般来说，只要变质岩的构造，特别是定向构造明显时，一般首先根据构造定出岩石基本名称，然后再根据结构、矿物成分进行进一步的准确定名。只有当变质岩的构造，特别是定向构造不明显时，才根据变质岩的矿物成分或结构进行命名。对于无明显定向构造的岩石，主要依据其矿物成分定名，如，石英岩、大理岩等。

另外,在变质岩的描述中,始终应重视一个"变"字,如,变斑晶、变基质、变晶等,不能省略。

(二) 镜下鉴定描述方法

1. 矿物成分

矿物应按矿物含量多少加以描述,描述的具体内容和顺序为:矿物名称,百分含量(目估),颗粒大小、形状,主要光性特征,次生变化及矿物间的相互关系(是否具有交代现象)。若为斑状结构,可先描述变斑晶而后描述变基质,并尽可能指出基质成分。描述时,要特别注意变质矿物的鉴别与描述。

2. 结构

描述方法与手标本观察相同。描述时,如发现有几种结构特征同时存在,应指出它们之间的关系,并加以综合。若为斑状变晶结构,还应仔细观察变基质的结构。有些岩石的变基质同时可具角岩结构(如具显微变晶结构,矿物成分呈分散状或其他未定向排列的热变质岩)、变余泥晶结构、显微鳞片变晶结构等,应进行综合描述。

3. 构造

变质岩构造的观察和描述可与手标本对照进行,定向构造在光学显微镜下很明显。

4. 命名

根据结构、构造特点及矿物成分并参考野外产状进行命名,也可把肉眼观察及镜下观察结合起来命名。

四、变质岩鉴定举例

标本 38

黑灰色,致密坚硬,斑状变晶结构,致密板状构造。变斑晶为红柱石,呈灰白色长柱状晶体,横断面为正方形,内含黑色炭质包裹体,集合体呈放射状。变基质为黑色隐晶质,肉眼不易鉴定其成分。

显微镜下:

红柱石为变斑晶,色浅,多色性微弱,柱状,横切面近正方形或菱形,两组解理近直交。见有黑色炭质包裹体。干涉色为一级灰白至一级黄,横切面对称消光,纵切面平行消光,负延长,二轴晶,负光性。含量30%。基质由泥质、铁质和绢云母组成,单偏光下呈棕黑色,定向排列较明显,绢云母呈细小鳞片状,具定向构造,并见有黑云母片呈斑点状分布,亦见极细的石英颗粒,基质为变余泥质结构,含量70%。

命名:红柱石角岩(板岩)。

标本 39

灰白色,变余泥状结构,板状构造。变斑晶为红柱石,白色,放射状针状,硬度大于小刀,含量25%;基质为泥状结构,黏土矿物组成。

显微镜下:

变余泥状结构。单偏光下呈土状,正交偏光下,整体干涉色一级黄,具有强烈定向性,颗粒细小,分辨不清。

定名:板岩。

标本 40

灰白色,千枚状构造,显微变晶结构。绢云母,丝绢光泽。基质为隐晶质,灰白色。

显微镜下:

千枚状构造,显微鳞片粒状变晶结构。千枚理面上,绢云母连续分布,彩色干涉色,具有强烈定向性,含量 35%;石英,位于绢云母片之间,粒径小于 0.05mm,无色,干涉色一级灰白,含量 65%。

定名:千枚岩。

标本 41

灰绿色,片状构造鳞片粒状变晶结构。绿泥石,绿色,片状集合体,玻璃光泽,含量 45%;石英,无色,油脂光泽,扁长状,含量 50%。

显微镜下:

片状构造,鳞片状变晶结构。绿泥石,淡黄—嫩绿色,片状集合体,条带宽约 0.01~0.015mm,含量 45%;石英,无色,干涉色一级灰,具有强烈定向性,粒径 0.05~0.13mm,含量 50%。

定名:绿泥石片岩。

标本 42

灰白色,片状构造,鳞片粒状变晶结构。白云母,白色,片状集合体,玻璃光泽,含量 45%;石英,无色,油脂光泽,扁长状,粒径 0.2~0.4mm,含量 50%;绿泥石,嫩绿色,片状,含量 5%。

显微镜下:

片状构造,鳞片粒状变晶结构。白云母,白色,片状集合体,彩色干涉色,含量 45%;石英,无色,干涉色一级灰,具有强烈定向性,粒径 0.2~0.4mm,含量 50%;绿泥石,嫩绿色,片状,含量 5%。

定名:云母石英片岩。

标本 43

灰白色,片麻状构造,中粒变晶结构。斜长石,白色,板状,粒径 1.2~4.0mm,含量 45%;石英,无色,油脂光泽,粒状,粒径 0.2~1.2mm,含量 25%;角闪石,长柱状,黑绿色,粒径 0.5~1.6mm,含量 15%;黑云母,黑色片状集合体,含量 15%。

显微镜下:

片麻状构造,中粒变晶结构。斜长石,无色,板状,粒径 0.5~4.0mm,斜消光,聚片双晶,粒径 1.2~4.0mm,含量 45%;石英,无色,表面干净,粒径 0.2~1.2mm,含量 25%;角闪石,长柱状,具黄绿—蓝绿色多色性,粒径 0.5~1.6mm,含量 15%;黑云母,棕色,片状集合体,含量 15%。

定名:片麻岩。

标本 44

灰白色,块状构造,粗粒变晶结构。石英,无色,油脂光泽,粗粒,粒径 3.0~5.0mm,含量 100%。

显微镜下:

粗粒变晶结构。石英,无色,表面干净,粒径 3.0~5.0mm,含量 100%。

定名:石英岩。

标本 45

白色,块状构造,中粒变晶结构。方解石,无色,油脂光泽,菱形,有反光的晶面,粒径 1.1～2.0mm,含量 100％。

显微镜下:

中粒变晶结构。方解石,无色,菱形解理,闪突起,高级白干涉色,粒径 1.1～2.0mm,含量 100％。

定名:大理岩。

标本 46

黄灰色,块状构造,中粒变晶结构。石榴石,浅黄色,油脂光泽,粒状,粒径 1.1～1.5mm,含量 60％;磁铁矿,黑色,不规则粒状,金属光泽,含量 15％;辉石,它形,位于石榴石颗粒之间,墨绿色,含量 10％;绿泥石,深绿色,片状反光,粒径 1mm 左右,含量 10％;黄铁矿,粒状,金属光泽,金黄色,含量 5％。

显微镜下:

中粒变晶结构。石榴石,浅黄色,粒状,正高突起均质体矿物,全消光,粒径 1.1～1.5mm,含量 60％;磁铁矿,不透明黑色,含量 25％;辉石,它形,位于石榴石颗粒之间,无色,含量 5％;绿泥石,具淡黄—嫩绿色多色性,片状,粒径 1mm 左右,含量 10％。本薄片中还可见方解石脉。

定名:矽卡岩。

标本 47

灰白色,块状构造,中粒变晶结构。石英,无色,油脂光泽,粒状,粒径 1.1～2.0mm,含量 75％;白云母,片状,白色和淡黄色,玻璃光泽,粒径 0.5～2.1mm,含量 25％。

显微镜下:

中粒变晶结构。石英,无色,一级灰干涉色,粒状,粒径 1.1～2.0mm,含量 75％;白云母,片状集合体,淡黄色,彩色干涉色,粒径 0.5～2.1mm,含量 25％。

定名:云英岩。

标本 48

黄灰色,块状构造,粗粒变晶结构。斜长石,白色,油脂光泽,板状,粒径 2.1～4.0mm,含量 55％;角闪石,绿色,长柱状,粒径 3.1～5.0mm,含量 45％。

显微镜下:

粗粒变晶结构。斜长石,无色,聚片双晶,板状,粒径 2.1～4.0mm,含量 55％;角闪石,绿色—淡黄绿色,长柱状,粒径 3.1～5.0mm,含量 35％;石英,无色,一级灰干涉色,粒状,粒径 0.5～1.0mm,含量 10％。

定名:斜长角闪岩。

标本 49

白色,角砾状结构。石英或燧石,白色,角砾状,1～25mm 不等;角砾之间有黏土和粉砂充填。块状构造。

显微镜下:

角砾状结构。角砾的成分为燧石,角砾之间有黏土和粉砂充填。

定名:石英构造角砾岩。

标本 50

黄白色,片理构造,糜棱结构。由绢云母和长英质眼球组成。绢云母,浅黄色,片状带状分布,形成糜棱片理;眼球状的长英质物质,白色,长方向与片理一致。

显微镜下:

片理构造,糜棱结构。由绢云母和长英质眼球组成。绢云母,浅黄色,彩色干涉色,片状带状分布,形成糜棱片理,含量 25%;眼球状的长英质物质,白色,长方向与片理一致,有石英和斜长石:石英,无色,一级灰干涉色,粒状,粒径 0.5～2.5mm,含量 40%;斜长石,无色,聚片双晶,板状,粒径 0.3～2.1mm,含量 35%。

定名:眼球状糜棱岩。

标本 51

深绿色,片状构造,柱状变晶结构。主要矿物有角闪石和斜长石:角闪石,长柱状,绿色,粒径 0.5～1.0mm,含量 50%;斜长石,白色,板状,粒径 0.3～1.2mm,含量 50%。角闪石和斜长石均带状分布,与片理一致。

显微镜下:

片状构造,柱状变晶结构。主要矿物有角闪石和斜长石:角闪石,长柱状,具黄绿—浅绿—蓝绿色多色性,菱形解理,粒径 0.5～1.0mm,含量 50%;斜长石,无色,板状,表面浑浊,聚片双晶,粒径 0.3～1.2mm,含量 50%。角闪石和斜长石长方向均带状分布,与片理一致。

定名:角闪石片岩。

五、实验内容安排

实验七:变质岩(一)

(1)观察和描述以下标本,写出岩石鉴定报告:

白色板岩	千枚岩
云母石英片岩	片麻岩

(2)认识和观察以下标本:

红柱石角岩	绿泥石片岩
角闪石片岩	斜长角闪岩

实验八:变质岩(二)

(1)观察和描述以下标本,写出岩石鉴定报告:

石英岩	大理岩
云英岩	矽卡岩

(2)认识和观察以下标本:

构造角砾岩	糜棱岩

附篇　矿物的光学显微镜鉴定方法

在进行矿物和岩石鉴定时,对一些细粒、微粒、隐晶质或含玻璃质的岩石,仅凭肉眼和简单工具很难对矿物和岩石做出准确判断,这就需要磨制约 0.03mm 厚的岩石或矿物薄片,借助光学显微镜进行确定。对透明矿物,利用透射偏光显微镜;对不透明矿物,利用反射偏光显微镜进行鉴定。限于篇幅和土木类地质工程专业的实际需要,本指导书只介绍透射偏光显微镜的晶体光学原理和矿物的常用鉴定方法。

一、晶体光学原理

根据振动特点不同,可将光分为自然光和偏振光。自然光的特征是:在垂直于光波传播方向的平面内,各方向上都有等幅的光振动。自然光经过反射、折射、双折射或选择吸收等作用后,可以转变为只有一个固定方向上振动的光波,这种光称为平面偏光,简称偏光。

依据晶体的光学性质,把透明矿物分为均质体和非均质体两类。非晶质矿物和等轴晶系矿物的光学性质各方向相同(各向同性),称为光性均质体;中级晶族和低级晶族矿物的光学性质随方向而异(各向异性),称为光性非均质体。光波射入均质体中发生单折射现象,基本不改变入射光波的振动特点和振动方向。光波射入非均质体,除特殊方向外,都要发生双折射,分解形成振动方向互相垂直、传播速度不同、折射率不等的两种偏光。两种偏光折射率值之差称为双折射率。当入射光为自然光时,非均质体能改变入射光波的振动特点;当入射光为偏光时,非均质体能改变入射光波的的振动特点和振动方向。

实验证明,光波沿非均质体的某些特殊方向传播时,不发生双折射,基本不改变入射光波的振动特点和振动方向。在非均质体中,这种不发生双折射的特殊方向称为光轴。中级晶族晶体只有一个光轴方向,称为一轴晶;低级晶族晶体有两个光轴方向,称为二轴晶。

为了反映光波在矿物晶体中传播时,偏光振动方向与相应折射率之间的关系,引入了物理学光率体的概念。光率体的作法是,设想自晶体中心起,沿光波的各振动方向,按比例截取相应的折射率值,再将各个线段的端点联系起来,便构成了光率体。各类晶体的光学性质不同,所构成的光率体形状也不同,现分述如下。

(一)均质体的光率体

光波在均质体中传播时,向任何方向振动,其传播速度一样,折射率都相等,均质体的光率体是一个圆球体。光率体任何方向的切面都是一个圆切面,圆切面的半径代表均质体的折射率值 N_o。

(二)一轴晶的光率体

中级晶族矿物的水平结晶轴相等,其水平方向上的光学性质相同。矿物具有最大和最小两个主折射率值,分别以 N_e 和 N_o 表示。光波振动方向平行 Z 轴(光轴)时,相应的折射率值为 N_e;当光波的振动方向垂直 Z 轴(光轴)时,相应的折射率值为 N_o;光波振动方向斜交 Z 轴

（光轴）时,相应的折射率值为 N'_e 介于 N_o 和 N_e 之间。由此可见,一轴晶光率体是一个以 Z 轴为旋转轴的旋转椭球体。

当光波沿矿物 Z 轴方向入射晶体时（图 5-1a）,产生单折射,在折射仪上测得光波垂直 Z 轴振动时的折射率为 N_o,以此数值为半径,构成一个垂直入射光波的圆切面。当光波垂直矿物 Z 轴方向入射晶体时（图 5-1b）,产生双折射分解形成两种偏光。其一的振动方向垂直于 Z 轴（光轴）,测得其折射率为 N_o;另一种偏光的振动方向平行于 Z 轴（光轴）,相应的折射率值为 N_e。双折率值等于 N_e 和 N_o 之差,是一轴晶矿物的最大双折率值;当光波斜交矿物晶轴入射时（图 5-1c）,也产生双折射分解形成两种偏光,其振动方向分别平行于椭圆切面的长短半径,相应的折射率分别等于椭圆切面的长短半径 N'_e 和 N_o。双折率值等于 N'_e 和 N_o 之差,其值在 0 的最大双折率值之间。

一轴晶光率体有正负之分:当 $N_e > N_o$ 时,为正光性;$N_e < N_o$ 时,为负光性。

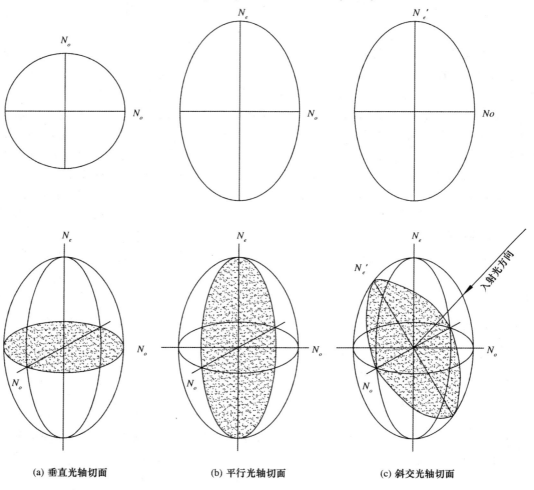

(a) 垂直光轴切面　　　　(b) 平行光轴切面　　　　(c) 斜交光轴切面

图 5-1　一轴晶正光性光率体的典型切面（据李德慧,1978）

（三）二轴晶的光率体

二轴晶矿物的三个结晶单位不等,晶体内部质点在三度空间方向上具有不均匀性。二轴晶有三个主折射率,最大的为 N_g,中间的为 N_m,最小的为 N_p。三者在空间上互相垂直。二轴晶光率体是以 N_g、N_m、N_p 为主轴的三轴椭球体。当光波沿矿物 Z 轴方向入射晶体时,产生双折射分解形成两种偏光。其一的振动方向平行于 X 轴,测得其折射率为 N_g;另一种偏光的振动方向平行于 Y 轴,相应的折射率值为 N_p,以此长短半径可构成一个垂直入射光波(即垂直 Z 轴)的椭圆切面,称为主轴面($N_g N_p$ 面)。当光波沿矿物 Y 轴方向入射晶体时,产生双折射分解形成两种偏光。其一的振动方向平行于 X 轴,测得其折射率为 N_g;另一种偏光的振动方向平行于 Z 轴,相应的折射率值为 N_m,以此长短半径可构成一个垂直入射光波的椭圆切面(主轴面 $N_g N_m$)。当光波沿矿物 X 轴方向入射晶体时,对应的椭圆切面为主轴面 $N_p N_m$。因为二轴晶的光率体是一个三轴椭球体,通过 N_m 轴(Z 轴)在光率体的一边可作一系列切面,它们的半径之一始终是 N_m,另一个半径的长短递变于 N_g 和 N_p 之间,总可找到一个半径等于 N_m,长短半径相等,为半径 N_m 的圆切面(图 5-2(a));同样,在另一边也可以找到一个圆切面。光波垂直于这两个圆切面射入时,只发生单折射,故这两个方向为二轴晶矿物的光轴,一般以 OA 表示。包含此两光轴所在的面称为光轴面($N_g N_p$ 面),一般以符号 A_p 代表。两光轴之间所夹的锐角称为光轴角,一般以符号 $2V$ 代表(图 5-2(b))。两光轴之间的锐角平分线以符号 Bxa 代表;两光轴之间的钝角平分线以符号 Bxo 代表。

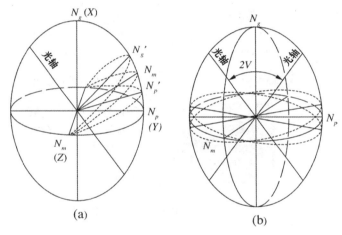

图 5-2　二轴晶正光性光率体的圆切面及光轴(据李德慧,1978)

二轴晶光率体也有正负之分:当 $N_g - N_m > N_m - N_p$ 时,为正光性,两光轴的锐角平分线 Bxa 与 N_g 方向一致,钝角平分线 Bxo 与 N_p 方向一致;当 $N_g - N_m < N_m - N_p$ 时,为负光性,两光轴的锐角平分线 Bxa 与 N_p 方向一致,钝角平分线 Bxo 与 N_g 方向一致。

(四) 折射率色散

自然光是由不同波长的单色光组成的混合波,不同色光在同一介质中的传播速度不同,其折射率大小不同。介质折射率随光的波长而改变的性质,称为折射率色散。同一介质不同波长单色光的光率体大小、形状及在晶体中的位置都可能发生改变。同一介质的光率体随单色光波长不同而发生的几何形态改变,称为光率体色散。

二、偏光显微镜

偏光显微镜是利用光的偏振特性对具有双折射性物质进行研究鉴定的光学仪器,可做单偏光观察、正交偏光观察、锥光观察。本节介绍偏光显微镜的构造以及调节和校正方法。

(一)偏光显微镜的构造

用于矿物岩石鉴定的偏光显微镜形式繁多,主要有 Leica、OLYMPUS(图 5-3)、NIKON CIPOL 和上海光学仪器厂 XP300 等系列,但其基本构造类似,可以包括三部分。

（1）机械系统:

镜座、镜架、物台、镜筒、升降系统和缩光圈。

（2）光学系统:

照明光源、聚光镜、下偏光镜、物镜、上偏光镜、勃氏镜和目镜。

（3）附件:

各种备用物镜、各种目镜、检板、补色器、机械台、物台微尺和显微照相设备。

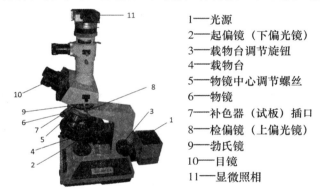

1——光源
2——起偏镜（下偏光镜）
3——载物台调节旋钮
4——载物台
5——物镜中心调节螺丝
6——物镜
7——补色器（试板）插口
8——检偏镜（上偏光镜）
9——勃氏镜
10——目镜
11——显微照相

图 5-3 OLYMPUS 偏光显微镜

(二)偏光显微镜的保养

为保证系统的使用寿命及可靠性,注意以下事项。

（1）试验室应具备三防条件:防震(远离震源)、防潮(使用空调、干燥器)、防尘(地面铺上地板);电源:220V±10%,50Hz;温度:0℃～40℃。

（2）调焦时注意不要使物镜碰到试样,以免划伤物镜。薄片置放在载物台上时,其盖玻璃朝上并用薄片夹夹住。使用高、中倍物镜调节焦距时,首先用眼睛侧面注视,将镜头下调至最低处(或使载物台至最高处),切勿使物镜与薄片相碰。调节焦距时,镜头只准向上提(或载物台下移),以免损坏镜头和薄片。当载物台垫片圆孔中心的位置靠近物镜中心位置时不要切换物镜,以免划伤物镜。

（3）亮度调整切忌忽大忽小,也不要过亮,影响灯泡的使用寿命,同时也有损视力。

（4）所有(功能)切换,动作要轻,要到位。使用上偏光镜或勃氏镜时,要轻拉轻推,以免振动。试板插入试板孔后,不得松手,用完后,放回原处。

（5）镜头必须保持清洁。若有灰尘,目镜可以用脱脂棉签蘸1:1比例(无水酒精:乙醚)

混合液体甩干后擦拭,不要用其他液体,以免损伤目镜。非专业人员不要尝试擦物镜及其他光学部件。

(6) 更换卤素灯时要注意高温,以免烫伤;注意不要用手直接接触卤素灯的玻璃体。非专业人员不要调整照明系统(灯丝位置灯),以免影响成像质量。

(7) 严禁随意拆卸显微镜,未学习和使用的部件不得随便乱动,如某些部件调节失灵,切勿强力扭动、擅自处理,应当立即报告任课教师。

(8) 关机不使用时,将物镜通过调焦机构调整到最低状态,并罩上镜罩。

(三)偏光显微镜焦距调节

焦距调节是为了使物像清晰可见,其步骤如下:

(1) 将欲观察的矿物薄片,盖玻璃朝上置于载物台中心,用薄片夹夹紧。

(2) 从侧面看物镜镜头,转动粗动螺旋至镜头下降到(或使载物台上升至)矿物薄片的盖玻璃片与物镜几乎接触(但不接触,距离微小)处。再从目镜中边观察边转动粗动螺旋使镜筒缓慢上升直至视域内物镜较清楚后,再转动微动螺旋直至物像完全清楚为止。

(3) 从目镜中边观察边转动粗动螺旋使镜筒缓慢上升(或载物台缓慢下降)直至视域内物像较清楚后,再转动微动螺旋直至物像完全清楚为止。对于有双目镜的显微镜,先在其一个目镜上调节物像清楚后,再用双眼在双目镜中观察,并水平微微滑动目镜,调节两目镜间距,使两眼中的圆形物象重合,可得到较大且清晰的物象。

(四)偏光显微镜的中心校正

中心校正是指将显微镜镜筒的中轴、物镜中轴与载物台的中轴重合。当更换物镜时,常常见到上述三者的轴线不相重合。因此,当任意一个颗粒放置在十字丝中央时,一转动载物台,它便离开了十字丝交点,甚至跑到视域以外。特别是在使用高倍物镜时,因视域很小,中心校正更具有重要的意义。

显微镜的镜筒中轴与目镜中轴是固定的,只能校正物镜位置。当校正物镜或载物台位置时,一般都借助于彼此垂直的两个中心校正螺旋来进行。校正螺旋一般是装在物镜或镜筒下方,也有安装在载物台上的。

中心校正的步骤如下:

(1) 检查物镜是否安装在正确的位置上。因为使用螺丝校正有一定限度,如果物镜不在正确位置,则根本不能校正好中心。

(2) 用手微微移动薄片,在岩石薄片中找一细小颗粒(最好是不透明的微小圆粒),并将之移到目镜十字丝中心点。旋转载物台,若载物台中轴与物镜中轴是一致的,无论怎样转动,小颗粒不离开十字丝中心。若不一致,则转动载物台,颗粒不围绕十字丝中心转动,而是围绕另一中心点 C 转动,甚至跑出视域外。

(3) 校正时,旋转载物台 $360°$,目镜中观察十字丝中心该颗粒的运动轨迹(图 5-4 中虚线)。旋转载物台,使该颗粒旋转到距十字丝中心最远位置 A,调节物镜中心校正螺丝,使小颗粒向十字丝中心移动 AO 距离的一半,即由点 A 移到点 C,如图 5-4(a)所示。再移动薄片,使小颗粒移到十字丝中心。这时,转动载物台,小颗粒基本不动。如还离开十字丝中心,则再重复上述操作,直到转动载物台该小颗粒在十字丝中心不移动为止。这时,若其他矿物也都围绕十字丝中心转动,校正才算完成。

（4）若偏心过大，物台转动时 360°，小颗粒跑出视域外，如图 5-4（b）所示，则根据小颗粒离开视域的方向，判定偏心圆中心的位置。旋转物台使小颗粒回到十字丝中心点 O，调节校正螺丝，使小颗粒朝偏心圆的中心反方向移动（即 OC 方向），所移距离相当于圆半径的长度。然后移动岩石薄片，将小颗粒移到十字丝中心点 O，按操作（3）重复进行，直到小颗粒位于十字丝中心时，转动载物台，其位置不再移动为止。

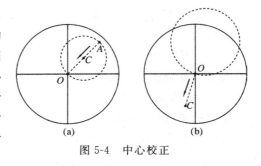

图 5-4　中心校正

（五）偏光镜的校正

在偏光显微镜的光学系统中，上、下偏光镜振动方向应当正交，而且是东西、南北方向，它们分别与目镜十字丝平行。校正方法如下。

1. 确定下偏光镜的振动方向

选用 10 倍或 5 倍物镜，拉出上偏光镜，在单偏光镜下，调节照明，使视域最亮。准焦后，在黑云母花岗岩薄片中找一个具极完全解理缝的黑云母，置于视域中心，转动物台，此黑云母的颜色应显著地从淡黄色变到棕褐色。当黑云母颜色变得最深时，黑云母解理缝的方向即代表下偏光镜振动方向 PP（已知光波沿黑云母解理缝方向振动时，吸收最强）。注意黑云母解理缝方向是否与目镜十字丝之一平行，如果不平行，转动物台，使黑云母解理缝方向平行目镜十字丝之一，旋转下偏光镜至黑云母颜色变得最深为止。

2. 检查上、下偏光镜振动方向是否正交

推入上偏光镜，若视域黑暗，确定上、下偏光镜振动方正交。如果视域不黑暗，表明上、下偏光镜振动方向不正交。此时需校正上偏光镜，如果上偏光镜能够转动，则转动上偏光镜至视域黑暗为止（相对黑暗）。如上偏光镜不能转动，需请修理人员校正。

3. 检查目镜十字丝是否与上、下偏光镜振动方向一致

在黑云母花岗岩薄片中选一个具极完全解理缝的黑云母，置于视域中心。转动物台，使黑云母解理缝与十字丝之一平行。推入上偏光镜，如果黑云母变黑暗（消光），说明目镜十字丝与上、下偏光镜振动方向一致。如果黑云母不全黑，转动物台使黑云母变黑暗（消光）；推出上偏光镜，转动目镜使十字丝之一与黑云母解理缝平行。此时，目镜十字丝即与上、下偏光镜振动方向一致。

三、单偏光镜下晶体光学性质的观察

单偏光镜下，可以观察矿物的形态、解理、颜色、多色性、突起和糙面等特征。

（一）矿物形态

矿物常表现出一定的形态，常见有粒状（如石英）、针状（矽线石）、板条状（蓝晶石）、柱状（角闪石）、板状（石膏）和片状（白云母）等。岩石薄片中所见到的矿物形态，并不是矿物晶体的整个立体形态，而是矿物某一方向切面的轮廓。对矿物形态的描述应在多个方向上全面观察和综合分析后进行，这样才能作出符合实际的判断。

（二）解理及解理夹角的测定

1. 解理

一些矿物发育解理，可作为晶体矿物鉴定的重要特征。解理在矿物中的完整程度、解理组数、方位以及解理间的夹角等各不相同。解理的方向常与某些晶面或晶轴有一定关系，所以解理可以作为测定矿物某些光学常数的辅助条件或依据。

矿物的解理面在薄片中表现为平行的细缝，称解理缝。它们是由磨制薄片时，粘片树胶充填于矿物解理中而显示出来的。解理缝的粗细及清晰程度，与切面方位有很大关系。当切面与解理面垂直时，解理缝细而清楚。如切面与解理面斜交时，则解理缝粗，而且升降镜筒时有左右移动现象，若斜交角度过大，解理缝就看不见了。此外，矿物与树胶的折射率差值愈大，光线通过矿物与树胶的界面所产生的折射和反射现象愈强烈，解理缝就愈明显。

2. 解理夹角的测定

对于发育两组以上解理的矿物，解理夹角的大小是鉴定上述矿物的重要特征之一。因此，为鉴定矿物，需要测定解理夹角。特定矿物的解理夹角有固定值，如，辉石的两组解理夹角为87°和93°；角闪石的两组解理夹角为56°和124°。理论上，在测定解理夹角时，应选择垂直两组解理面的切面，才能测出两组解理的真正夹角。但在薄片中，很难找到完全理想的切面，测定出的解理锐夹角常常略小于矿物解理的真正夹角。测定解理夹角的方法和步骤如下：

选择具有两组解理的切面（本书以角闪石为例），解理缝细而清晰，升降镜筒解理缝不左右移动。将这种切面移至视域中心，使解理缝交点与目镜十字丝中心重合（图5-5(a)）。旋转物台，使一组解理缝（AB）与目镜横丝重合或平行（图5-5(b)），记下载物台读数 m。再旋转载物台，使另一组解理缝（CD）与横丝重合或平行（图5-5(c)），记下载物台读数 n。两次读数之差（$n-m$），即为解理夹角。

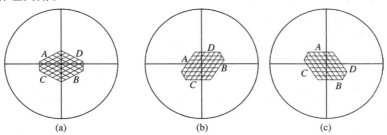

图 5-5　解理夹角的测定

（三）颜色和多色性

1. 颜色

薄片中矿物的颜色是很重要且最容易观察的特征。矿物的颜色与其他物体的颜色一样，是由矿物对白光的选择吸收造成的。薄片中的颜色比手标本颜色要淡，如，手标本上，长石带浅黄、淡红、浅灰等色，薄片中则为无色透明。黑云母在手标本中为黑色，薄片中黑云母则呈深褐棕色和淡黄色。这是因为薄片比手标本薄得多。

非晶质矿物和均质体矿物的光学性质各相同性，对不同振动方向的光波选择吸收性亦相同，所以非晶质矿物和均质体矿物的颜色及浓度不因矿物中光波的振动方向而发生变化，转动物台，矿物的颜色不变。但非均质体矿物与此不同，它们在颜色方面，常表现出明显的异向性。

2. 多色性

一些矿物(电气石、角闪石和黑云母等),当旋转载物台时,同一颗粒的颜色会发生有规律的变化。这是因为非均质矿物的光学性质随方向而异,对光波的选择吸收及吸收强度也随方向不同,呈现出多色性。

一轴晶矿物有两个主要颜色,分别对应光学主轴 N_o 和 N_e。现以黑电气石($N_o > N_e$)为例,说明一轴晶矿物的多色性:取黑电气石平行 Z 轴(光轴)的切片,置于单偏光镜下,使矿片上 Z 轴方向(光率体椭圆短半径 N_e)平行于下偏光振动方向时 PP 时(图5-6(a)),呈浅色。旋转载物台 90°,这时矿物薄片上的光率体椭圆长半径 N_o 平行于下偏光镜的振动方向 PP(图5-6(b)),矿物呈深蓝色。当矿物晶体的光率体椭圆长半径 N_o 与下偏光镜的振动方向 PP 斜交时(图5-6(c)),由下偏光镜透出的振动方向平行 PP 的偏光进入矿片后,发生双折射,分解形成两种偏光,一种偏光振动方向平行 N_e,另一种偏光振动方向平行 N_o,使矿片显示浅紫与深蓝的过渡色—浅蓝色。黑电气石垂直 Z 轴(光轴)切片的光率体切面为圆切面,其半径为 N_o。将这种切片置于单偏光镜下,矿片显深蓝色。旋转物台颜色不发生变化。

二轴晶矿物有三个主要的颜色,分别与光率体三主轴 N_g、N_m、N_p 相当。平行光轴面的切面显示 N_g、N_p 的颜色,其多色性明显;垂直光轴的切面只显示 N_m 的颜色,不具多色性;垂直 Bxa 的切面显示 N_m、N_p(正光性)或 N_m、N_g(负光性)的颜色,其多色性明显程度介于二者之间。所以测定二轴晶矿物的多色性,至少需要两个方向的切面。

黑云母和普通角闪石是二轴晶矿物,其最常见的多色性为:黑云母 N_g=黑褐色,N_m=黑褐色,N_p=灰黄色;普通角闪石 N_g=深绿色,N_m=绿色,N_p=浅黄绿色。

不是所有非均质体矿物都有多色性,一些浅色矿物在单偏光镜下无色(石英、长石等),没有多色性。有的矿物多色性不太明显,如,紫苏辉石。而有的矿物(角闪石、黑云母)多色性极为明显,为主要的鉴定特征。在矿物薄片中多色性的明显程度除与矿物的本性有关以外,还与切片方向、薄片的厚度有关。

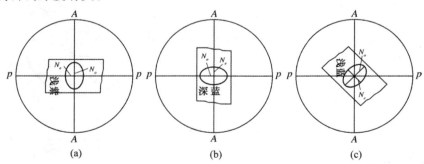

图 5-6　电气石平行 Z 轴切片的多色性(据李德惠,1978)

(四) 矿物的贝克线、糙面和突起

1. 矿物的贝克线

在折射率不同的两种物质接触处,会看到比较暗的边缘。这是由这两种物质折射能力的差别造成的。在岩石薄片中,矿物边缘明暗的程度,是由矿物折光率与树胶折光率的差别决定的。二者的差别愈大,矿物的边缘愈明显。石英、酸性斜长石的折光率与树胶的折射率 1.539 很接近,因此其边缘不明显;透辉石 $N=1.670 \sim 1.794$,与树胶的折光率差值较大,颗粒边缘清楚。在矿物颗粒比较黑暗的边缘附近,还能见到一圈明亮的细线,这条亮线称为贝克线或光带。贝克线的产生是由于相邻二介质对光的折射率不同,在交界面上光发生折射、反射造成的。相邻两物质折光率相差愈大,颗粒边缘愈粗且轮廓愈明显。反之,则边缘细而且不清楚。当微微升降镜筒(或载物台)时,光带会发生移动,其移动的规律是:提升镜筒时(下降载物台),贝克线向折光率高的介质移动;下降镜筒时(上升降载物台),贝克线向折光率低的介质移动。因此,由贝克线的移动方向,可以判断相邻二介质折射率的相对大小。

贝克线的灵敏度很高,两种物质折射率相差在 0.001 时,贝克线仍清晰可见;如采用单色光,折射率相差在 0.0005 时,贝克线还可见。观察贝克线时,要将两颗粒的接触界限部分移至视域中心。适当缩小光圈,使视域光线略暗,这样,贝克线会显得更清楚。

用白光观察时,适当缩小光圈,在两种矿物的折射率相差较小的无色矿物的界限附近,贝克线变成有色的细条带。在折射率较低的一边,出现橙黄色细线;折射率较高的一边出现浅蓝色细线。利用这种色散效应,可判断两相邻矿物的折射率相对大小。

2. 糙面

在单偏光镜下观察薄片中矿物时,某些矿物表面显得较为粗糙呈麻点状,好像粗糙皮革一样,这种现象称为糙面。产生糙面的原因是:磨制矿物岩石薄片用的是金刚砂,无论这种砂有多细,薄片表面总被磨划成许多显微状的凸凹不平,覆盖在矿物之上的树胶与矿物的折射率不同,光线通过两者之间的界面,会发生折射或全反射,致使矿物表面的光线集散不一,显得明暗程度不同,给人以粗糙的感觉。矿物的折光率越大,糙面越显著。描述糙面明显程度,常划分出显著、较显著及不显著等级别。

3. 突起

在岩石薄片中,不同矿物颗粒的表面好像高低不平,有的矿物突出一些,有的矿物则低平一些,这种现象叫做矿物的突起。矿物的突起是人们视力的感觉,同一薄片中,各矿物厚度一样,表面实际处在同一水平面上。这是由于矿物折射率与树胶折射率不同引起的。折射率大于树胶的矿物为正突起,小于树胶的矿物为负突起。为区别突起正负,必须借助贝克线。矿物与树胶折射率值相差愈大,突起愈高;反之,矿物与树胶折射率值相差愈小,突起就越不明显。同一薄片中相邻矿物的折射率相对大小,可利用贝克线移动方向判定。

一般把矿物的突起分为六级,即负高突起、负低突起、正低突起、正中突起、正高突起和正极高突起。矿物的突起是由其折射率决定的,要确定矿物的突起等级,主要是采用与已知折射率的矿物进行对比的方法。常用作突起参照的 10 种矿物如下:

① 萤石 $n=1.43$,负高突起;   ② 正长石 $n=1.53$,负高突起;

③ 石英 $n=1.54$,正低突起;   ④ 白云母 $n=1.60$,正低突起;

⑤ 磷灰石 $n=1.65$,正中突起;   ⑥ 普通辉石 $n=1.70$,正高突起;

⑦ 绿帘石 $n=1.75$,正高突起;   ⑧ 独居石 $n=1.80$,正极高突起;

⑨ 楣石 $n=1.85$,正极高突起;   ⑩ 锆石 $n=1.90$,正极高突起。

实验室配备有常见矿物的单矿物切片,同学们应熟练掌握它们的突起特征,以便与未知矿物进行对比。

4. 闪突起

非均质矿物的折射率随光波在晶体中的振动方向不同而有差异。因此在单偏光镜下,旋转物台,双折射率很大的矿片,突起高低可以发生明显的变化,这种现象称为闪突起。多数矿物闪突起现象不明显,只有少数矿物,如方解石等,才具明显的闪突起现象:转动载物台,方解石晶体的边缘时粗时细,突起时高时低,旋转载物台一周,变化四次。

同一矿物切片方向不同,闪突起的明显程度也不同。平行光轴或平行光轴面切片的闪突起现象最明显,垂直光轴切片不显闪突起,斜交光轴切片闪突起的明显程度介于二者之间。

四、正交偏光镜间矿物光学性质的观察

显微镜有两个偏光镜:下偏光镜和上偏光镜,如推入上偏光镜,并使上、下偏光镜的振动方向互相垂直,则构成正交偏光系统。一般以 PP 代表下偏光镜的振动方向,AA 代表上偏光镜的振动方向。在正交偏光镜间,不放任何岩石或矿物薄片时,视域完全黑暗。因为自然光通过下偏光镜后,就成为振动方向平行 PP 的偏光,至上偏光镜时,因与上偏光镜的振动方向 AA 互相垂直,不能透过,故视域黑暗。

若在正交偏光镜间的载物台上放置岩石或矿物薄片,则由于矿物的性质和切片的方向不同,而出现"消光"或"干涉"等光学现象。

(一)消光及消光类型

1. 消光现象及消光位

将花岗岩薄片放置在正交偏光镜间的载物台上,推入上偏光镜,找到一颗石英晶体,旋转载物台一周,会发现石英晶体出现由明亮→黑暗,再由黑暗→明亮的重复变化。这种矿物晶体在正交偏光下变黑暗的现象,称为消光现象。

在正交偏光镜间,载物台上放置均质体或非均质体矿物垂直光轴的切片,由于这两种矿片的光率体切面都是圆切面,光波垂直这两种切面入射时,不发生双折射,也不改变入射光波的振动方向。因此,由下偏光镜透出的振动方向平行于 PP 的偏光,通过矿片后,光原来的振动方向没有改变,与上偏光(镜)的振动方向 AA 垂直,不能透过上偏光镜,而使矿片变黑暗(消光)。旋转载物台 $360°$,视域内一直是黑暗的,这称为全消光。

在正交偏光镜间,放置非均质体矿物其他方向的矿片(除垂直光轴切片以外)。由于这类矿片的光率体切面均为椭圆切面,光波垂直这种切面入射时,必然发生双折射,分解形成两支振动方向相互垂直的偏光,其振动方向分别平行于光率体椭圆切面的长、短半径。当矿片上光率体椭圆切面的长、短半径与上、下偏光(镜)振动方向(AA、PP)平行时,由下偏光镜透出的振动方向为 PP 的偏光,进入矿片后,因其振动方向与矿片上光率体椭圆切面半径之一平行,在矿片中沿着与 PP 平行的半径方向振动,不改变原来的振动方向透过矿片。到达上偏光镜之后,仍与上偏光镜允许通过的振动方向 AA 垂直,不能透过上偏光镜,故使矿片消光(黑暗)。旋转载物台 $360°$,矿片上光率体椭圆半径与上、下偏光(镜)振动方向(AA、PP)有四次平行的机会,故这类矿片有四次消光。

非均质体除垂直光轴切面以外的任意方向切面,在正交偏光镜间处于消光时的位置称为消光位。当矿片在消光位时,其光率体椭圆半径必定分别与上、下偏光(镜)振动方向(AA、PP)平行。偏光显微镜中的上、下偏光(镜)振动方向一般是已知的(通常以目镜十字丝方向来代表),根据以上原理,可以确定矿片上光率体椭圆半径的方向。非均质体除垂直光轴以外的任意切面,不在消光位时,则发生干涉作用。

2. 消光类型

当矿片上光率体椭圆半径分别与上、下偏光(镜)的振动方向平行时,矿片消光。一般以目

镜十字丝代表上、下偏光(镜)的振动方向,因此,当矿片处于消光位时,目镜十字丝可代表矿片上光率体椭圆半径的方向。矿片上的解理缝、双晶缝、晶体轮廓等又与结晶轴有一定的关系,故非均质体矿片的消光类型是根据矿片消光时,其解理缝、双晶缝、晶体轮廓等与目镜十字丝的关系进行划分的。

消光可分为下列三种类型:

(1) 平行消光。矿片消光时,解理缝、双晶缝或晶体轮廓与目镜十字丝之一平行,如图 5-7(a)所示。

(2) 对称消光。矿片消光时,目镜十字丝为两组解理缝或两个晶面迹线夹角的平分线,如角闪石垂直两组解理的切面,如图 5-7(b)所示。

(3) 斜消光。矿片消光时,解理缝、双晶缝或晶体轮廓与目镜十字丝斜交。此时,光率体椭圆半径与解理缝或双晶缝之间的夹角称为消光角,具体表现为矿片消光时,目镜十字丝与解理缝、双晶缝之间的夹角,如图 5-7(c)所示。

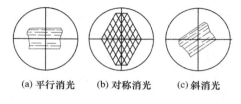

(a) 平行消光　(b) 对称消光　(c) 斜消光

图 5-7　消光类型

矿片的消光类型,取决于矿物的光性方位及切面方向。不同晶系的矿物所具有的消光类型,大致有一定的规律。一轴晶矿物,主要表现为平行消光。二轴晶矿物消光类型复杂,其中斜方晶系以对称消光、平行消光为主。单斜晶系三种消光类型均可出现,而三斜晶系则为斜消光。

3. 双晶的观察

矿物的双晶在正交偏光镜间,表现为相邻两单体不同时消光,呈现一明一暗的现象,这是由于构成双晶的两单体中,一个单体绕另一单体旋转了 180°,而使两个单体的光率体椭圆半径的方位不同(图 5-8)。双晶两个单体间的结合面称双晶结合面。双晶结合面与薄片平面的交线称双晶缝,一般较平直。当双晶结合面与薄片平面的法线一致时,双晶缝细而清楚;当双晶结合面与薄片平面的法线间夹角增大时,双晶缝逐渐变得宽而模糊。

根据双晶单体的数目,可以分为下列几种双晶类型。

(1) 简单双晶:仅由两个双晶单体组成。在正交偏光镜间,表现为一个单体消光,而另一个单体明亮,旋转物台,两个双晶单体明暗相互更换。典型类型为卡氏双晶(图 5-8(a))。

(2) 复式双晶:由两个以上的双晶单体组成。根据双晶结合面的关系又可分为:①聚片双晶:双晶结合面彼此平行,在正交偏光镜间呈聚片状(图 5-8(b)),旋转物台,奇数与偶数两组双晶单体轮换消光,而呈明暗相间的细条带,如,斜长石的钠长石双晶;②聚合双晶:双晶结合面不平行,按晶体数目不同,可分为三连晶、四连晶和六连晶等。

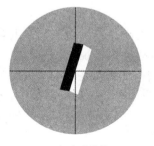　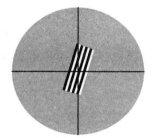

(a) 卡氏双晶　　　　　　(b) 聚片双晶

图 5-8　双晶类型

（二）干涉现象和干涉色

当非均质体矿片上的光率体椭圆半径 H、I 与上、下偏光镜的振动方向 PP、AA 斜交时，透出下偏光镜的振动方向平行 PP 的偏光；进入矿片后，发生双折射，分解形成振动方向平行 o、e 的两种偏光。它们的折射率不等，必然要产生光程差（以 R 表示）。当这两种偏光透出矿片在空气中传播时，由于传播速度相同，所以它们在到达上偏光镜之前，光程差保持不变。由于两种偏光的振动方向与上偏光镜的振动方向（AA）斜交，故当 o、e 先后进入上偏光镜时，必然再度发生分解，形成 o_1、e_1 和 o_2、e_2 四种偏光。其中 o_2、e_2 的振动方向，垂直上偏光镜的振动方向 AA，不能透过上偏光镜（被全反射或吸收）；o_1、e_1 的振动方向平行于上偏光镜的振动方向 AA，完全可以透过。透出上偏光镜后的 o_1、e_1 两种偏光在同一平面内频率相等，有光程差，必然发生干涉作用。

若光源为单色光，当光程差 R 为入射光波半波长的偶数倍时，干涉的结果是互相抵消而变黑暗；当光程差 R 为入射光波半波长的奇数倍时，干涉的结果是互相叠加，亮度加强（最亮）；当光程差 R 介于入射光波半波长的偶数倍和奇数倍之间时，干涉的结果是亮度介于全黑和最亮之间。所以，光程差 R 对干涉作用的结果起着主导作用。

光程差 $R=d(N_e-N_o)$，即光程差与矿片厚度和双折率成正比。若将石英楔（将石英沿光轴方向，由薄至厚磨成楔形，称为石英楔。石英的最大双折率 $N_e-N_o=0.009$，为固定常数）由薄端至厚端，慢慢插入正交偏光镜间的试板孔内，则其光程差将随着石英楔厚度的增加而增大。若用单色光照射时，随着石英楔的推入，将依次出现明亮相间的干涉条带。若用白光照射时，由于白光是七种不同波长的色光所组成，任何一个光程差（除零以外）都不可能同时相当于各色光波半波长的偶数倍，而使之同时抵消，出现黑暗条带。某一定的光程差，只可能相当或接近于白光中部分色光半波长的偶数倍，而使这部分色光抵消或减弱；同时它又相当或接近于另一部分色光半波长的奇数倍，而使其不同程度的加强。所有未被抵消的色光混合起来，便构成了与该光程差相应的混合色，它是由于白光干涉的结果，称为干涉色。随着光程差由小增大，出现的干涉色有规律变化的情况大致如下：暗灰—灰白—浅黄—橙—紫红—蓝—蓝绿—绿—黄—紫红—蓝绿—绿—黄—橙—红—粉红—浅绿—浅橙……至亮白色。

根据石英楔干涉色的变化情况，一般将干涉色划分为四至五个级序。

第一级序：主要干涉色为暗灰—灰白—浅黄—亮黄—橙—紫红；

第二级序：主要干涉色为蓝—蓝绿—绿—黄—橙—紫红；

第三级序：主要干涉色为蓝绿—绿—黄—橙—紫红；

第四级序：主要干涉色为粉红—浅绿—浅橙。

更高的级序由于色浅而混杂，难于分辨，最后出现高级白干涉色。以上各级干涉色的末端均出现紫红色，由于紫红色对光程差增减反应灵敏，故称为灵视色。

干涉色级序的高低，取决于相应的光程差的大小，而光程差大小又决定于矿片厚度和双折率的大小，双折率大小则与矿物性质及矿片方向有关。在同一岩石薄片中，各种矿物颗粒的厚度基本相等。同一矿物因切片的方向不同，可显示不同的干涉色，平行光轴或平行光轴面的切面，双折率最大，呈现的干涉色级序最高；垂直光轴切面双折率为零，呈全消光；其他方向的切面，双折率变化于零和最大之间，其干涉色级序也介于灰黑与最高干涉色之间。不同矿物的最大双折率不同，它们所显示的最高干涉色也不同。所以在鉴定矿物时，测定它们的最高干涉色才有鉴定意义。

（三）补色法则和补色器

1．补色法则

在正交偏光镜间，两个非均质任意方向的矿片（除垂直光轴以外的）在 45°位置重叠时，光通过此两矿片后总光程差的增减法则（光程差的增减具体表现为干涉色级序的升降变化），称为补色法则。设一非均质矿片的光率体椭圆半径为 N_e 与 N_o，光波射入此矿片后发生双折射，分解形成两种偏光，透出矿片所产生的光程差为 R_1。另一矿片的光率体椭圆半径为 N_g 与 N_p，产生的光程差为 R_2。将两个矿片重叠于正交偏光镜间，并使两矿片的光率体椭圆半径与上、下偏光镜的振动方向成 45°夹角。光波通过两矿片后，必然产生一个总光程差，以 R 表示。总光程差 R 是加大还是减小，取决于两矿片重叠的方式（即重叠时光率体椭圆半径的相对位置）。当两矿片的同名半径平行时（即 $N_e//N_g$；$N_o//N_p$），光透过两矿片后，其总光程差 $R=R_1+R_2$。因此总光程差 R 反映出的干涉色，比原来两矿片各自的干涉色都要高，即同名半径相平行干涉色级序升高。当两矿片的异名半径相平行时（即 $N_e//N_p$，$N_o//N_g$），光透过两矿片后，总光程差 $R=R_1-R_2$ 或 $R=R_2-R_1$。它们可能有三种关系：$R<R_1$、$R<R_2$；$R>R_1$、$R<R_2$；$R<R_1$，$R>R_2$。因此总光程差 R 反映的干涉色，比原来两矿片都低，或比其中某一矿片的干涉色要低，即当异名半径相平行，干涉色级序降低（特别是 $R_1=R_2$，$R=0$，矿片消色而变黑暗）。

2．补色器（试板）

在两矿片中，如果一个矿片的光率体椭圆半径名称及光程差为已知，则可根据补色法则，测定另一矿片的光率体椭圆半径名称及光程差。补色器，就是已知光率体椭圆半径名称及光程差的矿片。常用的补色器如下：

（1）石膏试板

光程差约为 550nm，在正交偏光镜间呈现一级紫红干涉色。N_g、N_p 的方向一般都注明在试板上。在矿片上，加入石膏试板，可以使矿片的光程差增加或减少 550nm 左右，使矿片干涉色整整升高或降低一个级序。这种试板比较适用于干涉色较低的矿片（一级黄以下的干涉色）。如果矿片干涉色为一级灰，加入石膏试板后，同名半径平行，矿片干涉色由一级灰变为二级蓝绿；异名半径平行时，矿片干涉色由一级灰变为一级橙黄。这两种干涉色对矿片所具有的干涉色一级灰来说，都是升高；但对石膏试板所具有的干涉色一级紫红来说，则有升有降。因此，在这种情况，判断干涉色级序的升降，应当以石膏试板的干涉色为准。

（2）云母试板

光程差约为 147nm 左右，在正交偏光镜间呈现一级灰白干涉色。其 N_g、N_p 方向一般都注明在试板上。在矿片上加入云母试板后，使矿片干涉色级序按色谱表顺序升降大约一个色序。如矿片干涉色为一级紫红，加入云母试板后，升高变为二级蓝，降低变为一级橙黄。这种试板比较适用于干涉色较高的矿片。

（3）石英楔

沿石英平行光轴方向从薄至厚磨成一个楔形，用加拿大树胶粘在两块玻璃片之间，即称为石英楔。其光程差一般是从 0～1680nm 左右，在正交偏光镜间，由薄至厚可以依次产生一级至三级的干涉色。在矿片上由薄至厚插入石英楔，当同名半径平行时，矿片干涉色级序逐渐升高；异名半径平行时，矿片干涉色逐渐降低；当插至石英楔与矿片光程差相等处时，矿片消色而出现黑带。

此外,补色器还有贝瑞克消色器(测双折射率用)、倾斜补色器和椭圆补色器等。

(四)干涉色级序的观察和测定

根据光程差 R 值的大小不同,呈现的干涉色级序高低也不同。因此观察和测定干涉色级序时,必须选择干涉色最高的颗粒。一般鉴定时,采用统计方法,多测几个颗粒,取其中最高的。干涉色级序的观察和测定方法有如下两种:

1. 楔形边法

利用矿物楔形边缘的干涉色色圈,判断矿物的干涉色级序,是比较简便的方法。在岩石薄片中,矿物颗粒往往具有楔形边,其边缘较薄,向中央逐渐加厚,因而矿片的干涉色级序也是边缘较低,向中央逐渐升高。如最外圈为一级灰白,向中部干涉色级序逐渐升高而构成细小的干涉色色圈或不连续的干涉色细条带。其中经过一条红带,则矿片干涉色为二级,经过 n 条红带,矿片干涉色为 $(n+1)$ 级。如果矿片边缘最外围不是从一级灰白开始,则不能应用这种方法判断干涉色级序。

2. 利用石英楔测定干涉色级序

将选定的矿片(干涉色最高,平行光轴或光轴面的切面)置于视域中心,旋转物台,使矿物消光。再转物台 45°,使矿片上光率体椭圆半径与目镜十字丝成 45°夹角,观察干涉色,此时矿片上干涉色最亮。从试板孔插入石英楔并慢慢推入,观察矿片干涉色的变化,可能出现下列两种情况,随着石英楔的插入,矿片上干涉色逐渐升高,证明石英楔与矿片上光率体椭圆切面同名半径平行,必须旋转物台 90°,使异名半径平行,再进行测定。随着石英楔的慢慢插入,矿片的干涉色级序逐渐降低,说明石英楔与矿片为异名半径平行。当石英楔插入到与矿片光程差相等处,矿片消色而黑暗(往往不全黑,而是暗灰或混有矿物本身颜色)。再慢慢抽出石英楔,矿片干涉色又逐渐升高,至石英楔全部抽出时,矿片显示原来的干涉色。在抽出石英楔的过程中,注意观察矿片干涉色变化,如果中间经过一次红色,则矿片干涉色为二级;经过 n 次红色,矿片干涉色为 $(n+1)$ 级。若一次观察不清楚,可反复操作。

(五)测定非均质体矿片上光率体椭圆半径方向和名称

显微镜下研究矿物的许多光学性质,都需要在正交偏光镜间测定矿物光率体椭圆半径的方向和名称。其测定方法如下:

(1)将欲测矿片置于视域中心,转动物台使矿片消光(图 5-9(a)),此时矿片上光率体椭圆半径方向分别平行上、下偏光镜的振动方向(即目镜十字丝的方向)。

(2)再转物台 45°,此时矿片上光率体椭圆半径与目镜十字丝成 45°夹角(图 5-9(b)),矿片干涉色最亮。

(3)从试板孔加入试板,观察矿片干涉色变化。如果干涉色降低,说明试板与矿片异名半径平行(图 5-9(c));如果干涉色升高,说明同名半径平行(图 5-9(d))。试板上光率体椭圆半径名称是已知的,据此即可确定矿片上光率体椭圆半径的名称。

在实际操作时,根据矿片干涉色级序的高低不同,使用不同的试板。如果干涉色在二级黄以上,最好使用云母试板。

测出的光率体椭圆长短半径,是否为光率体主轴,决定于切片方向。若矿片是平行主轴面的,则测出的光率体椭圆长短半径为 N_e 与 N_o(一轴晶),或 N_g、N_m、N_p 中之任二主轴(二轴晶)。若矿片不平行主轴面,则光率体椭圆半径为 N'_e 与 N_o(一轴晶),或 N'_g、N'_p(二轴晶)。

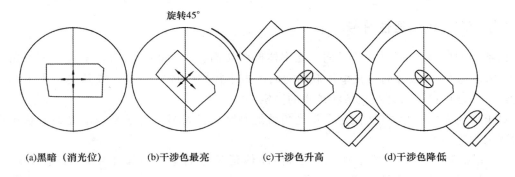

旋转45°

(a)黑暗（消光位）　　(b)干涉色最亮　　(c)干涉色升高　　(d)干涉色降低

图 5-9　测定非均质体矿片光率体椭圆切面的轴名

（六）测定矿物的消光角

消光角是矿物的光率体椭圆半径与结晶轴或晶面间的夹角，表现为矿物处于消光位时，其解理缝、双晶缝或晶棱与十字丝的夹角，一般以结晶轴或晶面符号与光率体椭圆半径的关系表示消光角。并不是各晶系矿物都要测定消光角，单斜晶系和三斜晶系矿物中，消光角是矿物鉴定的重要标志之一，通常需要测定。

矿物中，由于切面方位不同，消光角会有变化，因此要选择具有鉴定意义的切面。单斜晶系矿物一般选择平行(010)的切面，测定其最大消光角。三斜晶系矿物都是斜消光，一般选择矿物的特殊切面测定其消光角，如斜长石选择垂直(010)晶面的切面。

矿物最大消光角的测定方法如下：

（1）选择具有最高干涉色的切面，即相当于光轴面或 N_g-N_p 主轴面。在这个切面中，光率体主轴 N_g 或 N_p 与 c 轴（解理或晶棱）的夹角最大。

（2）将选好之切面移至视域中心，旋转载物台使解理缝或晶棱与竖丝平行，如图图 5-10（a）所示，记下载物台上的读数 A。

（3）旋转载物台，使矿物变黑暗（即到消光位），此时矿物的光性主轴 N_g、N_p 与十字丝平行，如图 5-10（b）所示，记下载物台上的读数 B。

（4）$A—B$ 或 $B—A$ 即为消光角，但为确定该角是结晶轴 c 与 N_g 还是 N_p 的夹角，还需要定轴名。

（5）旋转载物台，使矿片由消光位转 45°，此时视域最明亮。插入试板，依据矿物干涉色级序的升降变化（图 5-10（c）、（d）），确定所测光率体椭圆半径的轴名。

（6）最大消光角表示方法：如普通角闪石沿(010)切面上的消光角可表示为 $c \wedge N_g = 21°$。

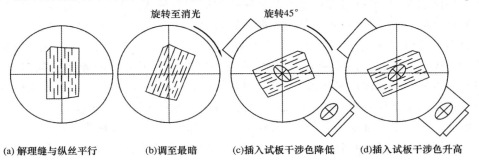

旋转至消光　　　　旋转45°

(a) 解理缝与纵丝平行　　(b) 调至最暗　　(c) 插入试板干涉色降低　　(d) 插入试板干涉色升高

图 5-10　测定消光角的步骤

（七）测定晶体延性符号

长条状的矿物切面，其延长方向与光率体椭圆切面长半径（N_g 或 N_g'）平行或其夹角小于 45°时，称正延性；延长方向与光率体椭圆切面的短半径（N_p 或 N_p'）平行或其夹角小于 45°时，称负延性。延性符号是某些长条状矿物的鉴定特征。

对于斜消光的矿片，只要测定了消光角就能判断延性符号。对于平行消光的矿物延性符号的测定方法如下：

（1）把欲测定的矿片置于视域中心，使晶体延长方向平行目镜十字丝的横丝（图 5-11(a)），此时矿物晶体处于消光位（因是平行消光矿物）。

（2）旋转载物台 45°，使延长方向与目镜十字丝成 45°夹角（图 5-11(b)），加入试板，根据矿片干涉色升降变化，即可确定延性符号（图 5-11(c)、(d)）。

当矿物晶体延长方向与 N_m 平行时，则矿片的延性可正可负。如果长条状矿物的消光角为 45°，则延性符号正负不分。

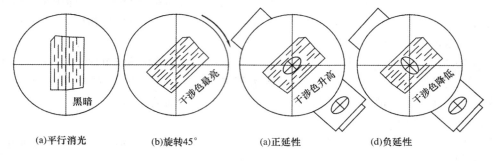

黑暗	干涉色最亮	干涉色升高	干涉色降低
(a)平行消光	(b)旋转45°	(a)正延性	(d)负延性

图 5-11　延性符号的测定步骤

五、锥光偏光镜下晶体光学性质的观察

（一）锥光系统

在正交偏光镜的基础上，于下偏光镜之上、载物台之下，加上一个聚光镜（把聚光镜升到最高位置），换用高倍物镜（不小于 40 倍），推入勃氏镜，便完成了锥光系统的安装。

加入聚光镜的作用是使透过下偏光镜的平行偏光束变成锥形偏光。锥形偏光束与平行偏光束的重要区别在于，平行偏光束基本上是同一方向垂直射入矿片，而锥形偏光束中，除中央一条光波垂直射入矿片外，其余各条光波都是倾斜射入矿片，愈向外倾角愈大，而且在矿片中经过的距离也是愈向外愈长。锥形偏光镜中偏光的振动方向仍与下偏光镜的振动方向平行。

非均质体矿物的光学性质随方向而异，垂直不同方向入射光波的光率体椭圆切面不同。当许多不同方向入射光波同时通过矿片后，到达上偏光镜所发生的消光与干涉效应也各不相同。所以在锥光镜下所观察到的，应当是偏光镜中各个方向入射光波通过矿片后，到达上偏光镜所发生的消光与干涉现象的总和，它们构成各种特殊的图形，一般称为干涉图。

观察干涉图时，要换用高倍物镜，这样能接纳较大范围的倾斜入射光波。低倍物镜由于数值孔径小、工作距离长，通常只能接纳与矿片法线成 5°夹角以内的光波。用低倍物镜接纳的光波与平行矿片法线的入射光波相近（基本上相当于平行光波），干涉图不完整而且不清楚。

高倍物镜的数值孔径较大,工作距离短,通常能接纳与矿片法线成 60°夹角以内的倾斜入射光,干涉图较完整、较清晰。一般说来,放大倍率相同的高倍物镜,其数值孔径愈大,干涉图愈完整。

观察干涉图时,要推入勃氏镜。因为锥光镜下所观察的干涉图,不是矿物晶体本身的形象,而是锥形偏光中各个不同方向偏光同时通过矿片后,到达上偏光镜所产生的消光与干涉效应的总和,即观察的是干涉图(光源像)。勃氏镜与目镜联合组成一个宽角度望远镜式的放大系统,其前焦平面恰在干涉图的成像位置,可看到放大的干涉图。

此外,由于采用高倍物镜,如果物镜中心不准,有微小偏差,转动载物台时,所测矿物离开原来位置,将看不到所测矿物的干涉图。所以在锥光镜下进行观察时,还必须严格校正中心。

均质体矿物的光学性质各方向一致,任何方向的入射光都不发生双折射,在正交偏光镜间全消光,而在锥光镜下看不到干涉图。非均质体的光学性质随方向而异,在锥光镜下能够形成干涉图,其干涉图特点随矿物的轴性和切片方向而异。

(二) 一轴晶矿物的干涉图

一轴晶矿物有三种方向切片的干涉图:即垂直、平行和斜交矿物光轴切面的干涉图。

1. 垂直矿物光轴切面的干涉图

(1)形象特征。一轴晶矿物垂直光轴切面的干涉图由一个黑十字臂和干涉色色圈构成,黑十字的两条臂分别与上、下偏光振动方向平行。黑十字的交点位于视域中心,为光轴出露点。黑十字的中心部分较细,向外变粗。干涉色圈以黑十字交点为中心,成同心环状。在双折射率较大或厚度较大的切面中,明显地看到同心环状等色圈,其干涉色级序愈往外愈高,干涉色色圈愈往外愈密;但在双折射率小或薄片厚度小时,黑十字所分开的四象限仅见一级灰干涉色,色圈不明显。双折射率相同的矿物薄片,其厚度越大,干涉色圈愈多;相反,薄片愈薄,干涉色圈愈少。由于在一轴晶垂直光轴切片的干涉图中,以视域中心向外的放射线方向(半径方向),代表 N'_e 的方向;同心园的切线方向,代表 N_o 的方向(图 5-12(a)),光率体是呈放射状均匀对称的,因此,旋转载物台时,黑十字臂、光轴出露点和等色圈的形象及位置始终保持不变。

(2) 光性正负的测定。一轴晶光率体有光性正负之分:当 $N_e > N_o$,即 N_e 或 N'_e 与试板的 N_g 方向平行时为正光性;当 $N_e < N_o$,即 N_e 或 N'_e 与试板的 N_p 方向平行时为负光性。因此只要确定了 N'_e 究竟是平行试板的 N_g 还是 N_p,就可以解决一轴晶矿物的光性正负问题。

在一轴晶垂直光轴切面干涉图上黑十字臂所划分的四个象限中,N'_e 与 N_o 的分布如图 5-12(a)所示。插入试板,观察四个象限中干涉色的升降情况,判断 N'_e 与 N_o 的相对大小,从而可以确定矿物的光性正负。在图 5-12(b)中,试板长边方向为 N_p,短边方向为 N_g;加入试板之后,干涉图中第 1、3 象限内干涉色级序升高,表示此二象限内 N'_e 与试板 N_g 平行,证明 $N'_e > N_o$;第 2、4 象限内的干涉色级序降低,N'_e 与试板 N_p 平行,同样证明 $N'_e > N_o$,故属正光性。负光性的情况与此相反(图 5-12(c))。

测定光性符号时,使用什么补色器比较方便,可根据具体情况而定。如果黑十字四个象限内仅见一级灰的干涉图,加入石膏试板后,黑十字变为一级紫红;四个象限内,干涉色升高的两个象限内,由一级灰变为二级蓝;干涉色降低的两个象限内,由一级灰变为一级橙黄。如果干涉色色圈多,加入云母试板后,黑十字变为一级灰。由于云母试板能使干涉色升降一个色序,在干涉色升高的两个象限内,靠近黑十字交点,原为一级灰的地方,升高变为一级黄色;原来为一级黄的色圈,干涉色升高变为一级红,显示出红色色圈向内移动占据黄色色圈的位置;一级红的色圈变为二级蓝。每个色圈的干涉色都升高一个色序,因此,显示出整个色圈向内移动。在干涉色降低的两个象限内,靠近黑十字交点,原为一级灰的地方,干涉色降低而变为黑色;原为一级黄的色圈,干涉色降低变为一级灰,显示出灰色色圈向外移动占据黄色色圈的位置;一级红的色圈变为一级黄。即每个色圈都降低一个色序,因此,显示出整个干涉色色圈向外移动的情况。如果干涉色色圈多而密,加入云母试板后,色圈移动情况看不清楚,可以使用石英楔或贝瑞克补色器。随着石英楔的逐渐插入,或逐渐转动贝瑞克补色器鼓轮时,在干涉色升高的两个象限内,干涉色色圈连续向内移动,在干涉色降低的两个象限内,干涉色色圈连续向外移动。

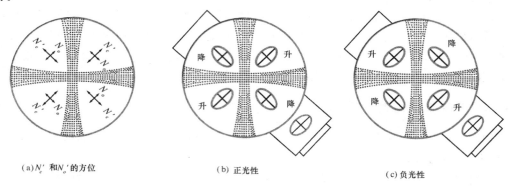

图 5-12 在垂直光轴切片上测定一轴晶矿物的光性符号(据李德惠,1978)

2. 斜交矿物光轴切片的干涉图

在斜交光轴的切片中,光轴在薄片中的位置是倾斜的。干涉图是由不完整的黑十字和不完整的干涉色色圈组成(图 5-13),光轴在薄片平面上的出露点(黑十字交点)不在视域中心。

当光轴与薄片法线夹角不大时(图 5-13(a)),光轴出露点(黑十字交点)虽不在视域中心,但仍在视域内。旋转物台,黑十字交点绕视域中心作圆周运动,黑带作上下、左右平行移动。光轴在薄片平面上的出露点如果在视域内,表示光轴与薄片法线所成的夹角不大。转动载物台,黑十字臂交点围绕视域中心作圆周运动,黑臂作上下、左右平行移动。此干涉图易于识别各象限,测定光性符号的方法与垂直光轴切片干涉图完全相同。

当光轴与薄片平面斜交角度较大时(图 5-13(b)),视域内见不到光轴出露点(黑十字臂交点落在视域之外),只见到一条黑十字臂。转动载物台,平行横丝和竖丝的黑十字臂在视域内轮流出现。根据黑臂移动情况,可以判断黑臂十字交点在视域外的位置。当视域内只有一个水平黑带时,顺时针旋转物台,黑带向下移动(图 5-13(b)),证明黑十字交点一定在视域的右方;黑带向上移动,证明黑十字交点必在视域左方。当视域内只出现一个直立黑带时,顺时针旋转物台,黑带向左移动,证明黑十字交点必在视域的下方;黑带向右移动,证明黑十字交点必在视域的上方。找出黑十字交点在视域外的方位,确定了视域内属于黑十字的哪一个象限之后,即可根据垂直光轴切片的测定方法,测定光性符号。

当光轴与薄片法线夹角很大时,黑带较宽大且模糊,旋转物台,黑带成弯曲状通过视域(图 5-13(c))。这种干涉图与二轴晶任意切面干涉图很难区分,故不能确定矿物是一轴晶还是二轴晶,也无法测定光性符号,应另找其他颗粒进行观察和测定。

3. 平行光轴切面的干涉图

(1)形象特征。当光轴与上、下偏光振动方向平行时,视域中出现一个粗大模糊的黑十字臂,黑臂几乎占满整个视域(图 5-14(a))。转载物台 12°～15°,黑十字迅速分裂,并沿光轴方向

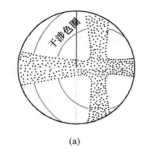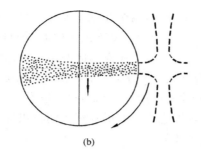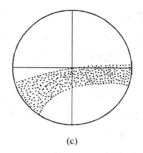

(a)　　　　　　　　　　　(b)　　　　　　　　　　　(c)

图 5-13　一轴晶斜交光轴切片的干涉图

退出视域。因干涉图变化迅速,故称为闪图。当光轴与上、下偏光振动方向成 45°夹角时,视域最明亮,并在光轴两侧出现对称干涉色带。如果矿物的双折率值较大,则在相对的象限内,出现对称的双曲线形干涉色色带(图 5-14(b))。在光轴所在的两个象限内,干涉色由中心向两边逐渐降低,而在垂直光轴方向的两个象限,干涉色由中心向两边逐渐升高。如果矿物的双折率较低,则只出现一级灰干涉色。

　　(2)光性正负的测定。如果已确定其为一轴晶,应用闪图可以测定矿物的光性正负。将光轴置于 45°位置,插入试板,当试板的 N_g 方向与光轴方向一致时,如果整个视域内的干涉色级序普遍升高,表明是正光性(图 5-14(c));相反,当试板的 N_p 方向与光轴一致时,各整个视域内的干涉色级序普遍降低,则为负光性。但此干涉图与二轴晶平行光轴切面的干涉图相似,故应慎用此干涉图确定光性符号。

　　一轴晶平行光轴切面干涉图在载物台转动 360°的过程中,出现四次大黑十字臂,这是当光轴分别与上、下偏光振动方向平行时表现出来的。同样,转动载物台一周,出现四次对称干涉色。

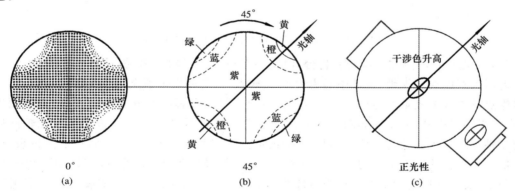

0°　　　　　　　　　　45°　　　　　　　　　正光性
(a)　　　　　　　　　　(b)　　　　　　　　　(c)

图 5-14　一轴晶平行光轴切面的干涉图

（三）二轴晶矿物的干涉图

　　二轴晶矿物的干涉图比一轴晶复杂。二轴晶有五种主要类型的干涉图,即垂直锐角等分线切面、垂直光轴切面、斜交光轴切面、垂直钝角等分线切面及平行光轴面切面的干涉图。

1. 垂直锐角等分线(Bxa)切片的干涉图

　　(1)形像特点。当光轴面与上、下偏光镜振动方向之一平行时,干涉图由一个黑十字与"8"字形的干涉色色圈组成(图 5-15(a))。黑十字的两个黑带分别平行上、下偏光镜振动方向,其粗细不等,沿光轴面方向的黑带较细,两个光轴出露点更细;垂直光轴面方向(即 Nm 方向)的黑带较宽;黑十字交点为 Bxa 的出露点,位于视域中心(即目镜十字丝交点)。干涉色色圈以两个光轴出露点为中心(图 5-15(a)中 OA 点),向两边干涉色级序逐渐升高,在靠近光轴处,干涉色色圈呈卵形曲线,向外合并成"∞"字,更外则成凹形椭圆(图 5-15(b))。干涉色色圈的多少,取决于矿物的双折率及矿片的厚度。矿物的双折射率愈大,切片愈厚,干涉色色圈愈多;双折率愈小,切片愈薄,干涉色色圈愈少。有时在视域内仅出现一级灰干涉色(图 5-15(c)),此时干涉图中的两个黑带宽度近于相等。

转动物台,黑十字从中心分裂,形成两个弯曲黑带;当光轴面方向与上、下偏光镜振动方向的夹角为 45°时(图 5-15(b)),两个弯曲黑带顶点间的距离最远,二弯曲黑带顶点为两个光轴的出露点,它们之间的距离与光轴角(2V)成正比(据此可以测定 2V 角,限于篇幅,本书不介绍,如需要可参阅晶体光学相关书籍);弯曲黑带顶点突向 Bxa 出露点。弯曲黑带顶点的连线,代表光轴面与薄片平面的交线(A_p)。继续转动物台,弯曲黑带顶点逐渐向视域中心移动,至 90°时,又合成黑十字,但粗细黑带的位置已经对换。继续转动物台,黑十字又分裂。在转动载物台时,干涉色色圈随光轴出露点移动,其形状不发生变化。

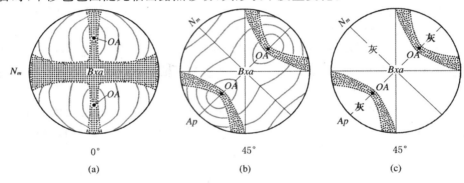

图 5-15　二轴晶矿物垂直于 Bxa 切片的干涉图

(2)光性正负的测定。旋转载物台,使光轴面与上、下偏光(镜)振动方向成 45°夹角。此时干涉图为双曲线状黑带,视域中心为 Bxa 出露点,二弯曲黑带顶点为二光轴的出露点,二光轴出露点的连线为光轴面与切面的交线 A_p,垂直光轴面投影线的方向为 N_m。沿光轴面投影线,在二光轴点内外,光率体椭圆半径名称因光性正负而不同。图 5-16 表明了在光轴面迹线方向二轴晶正负光性的光率体椭圆长短半径的分布情况(图 5-16(a)、(b)),可插入试板,依据不同部位干涉色的升降情况判断矿物的光性符号。如果把两个弯曲黑带的凹方当作相对应的两个象限,而把连通的两个部分称为另外两个象限,那么可总结为:插入试板后,干涉色升高的两象限连线的方向与试板的 N_g 方向一致,矿物的光性为正;反之,干涉色升高的两象限连线与试板 N_g 方向垂直,则矿物的光性为负。

2. 垂直光轴切面的干涉图

(1)形象特征。该切面的法线为光轴,在正交偏光镜下,呈现全消光。在锥光条件下,此干涉图的形象相当于垂直 Bxa 切面干涉图的一半。当光轴面与上、下偏光振动方向平行时,出现一个直的黑臂(图 5-17(a))和"∞"形干涉色环的一部分。转动载物台黑臂发生弯曲,在 45°弯曲程度最大(图 5-17(b))。弯曲黑带顶点为光轴出露点,它位于视域中心,黑带凸出之方向指向 Bxa 出露点。转动载物台至 90°,黑带又变直的黑臂,但方向已改变。

(2)光性正负的测定。用二轴晶垂直光轴切面干涉图测定光性正负的原则和方法与垂直

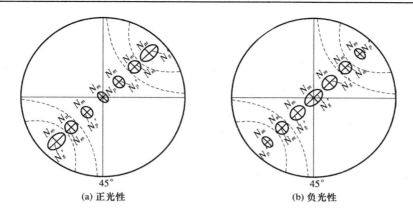

图 5-16　二轴晶垂直 Bxa 切面干涉图中,沿光轴面迹线方向光率体椭圆长短半径的分布方位

Bxa 切面干涉图相似。测定时,使光轴面与上、下偏光(镜)振动方向的夹角成 $45°$,按垂直 Bxa 切面的方法测定光性正负(图 5-17(c))。

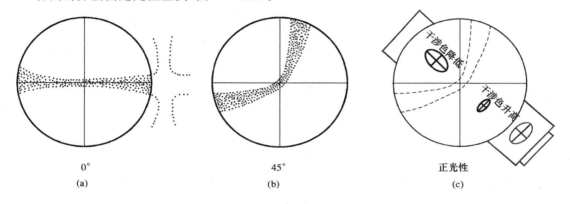

图 5-17　二轴晶垂直光轴切面的干涉图

3. 斜交光轴切面的干涉图

(1) 形像特点。不垂直光轴,也不垂直 Bxa,而接近于垂直它们的斜交切面,属于斜交光轴切面,可分为四种类型。①近于垂直 Bxa 的切面,这种切片的干涉图,在形像特点上,相当于垂直 Bxa 切面干涉图的一部分,其黑带与干涉色色圈不完整(图 5-18(a)),旋转物台,黑带弯曲,两光轴出露点的连线不通过视域中心(图 5-18(b))。②近于垂直光轴的切面。当光轴面与上、下偏光镜振动方向之一平行时,黑带近似为一个直带,但不通过视域中心(图 5-18(c)),转动物台,黑带弯曲,当光轴面与上、下偏光镜振动方向成 $45°$ 夹角时,弯曲黑带顶点不在视域中心(图 5-18(d))。③垂直光轴面,但斜交光学主轴的切面。当光轴面与上、下偏光镜振动方向之一平行时,黑带为一个直带,通过视域中心且平分视域为两半(图 5-18(e))。转动物台,黑带弯曲,当光轴面与上、下偏光镜振动方向成 $45°$ 夹角时,弯曲黑带顶点不在视域中心(图 5-18(f));如果光轴倾角不大,弯曲黑带顶点仍位于视域之内;如果光轴倾角较大,弯曲黑带顶点就不在视域以内。④与光轴面及光学主轴都斜交的切片,当光轴面与上、下偏光镜振动方向之一平行时,直的黑带不通过视域中心而是偏在视域的一边(图 5-18(g))。转动物台,黑带弯曲,当光轴面与上、下偏光镜振动方向成 $45°$ 夹角时,弯曲黑带顶点不在视域中心;如果光轴倾角不大,弯曲黑带顶点仍在视域内;如果光轴倾角大,弯曲黑带顶点不在视域内(图 5-18(h))。

(2) 光性正负的测定。斜交光轴切片干涉图,可视为垂直 Bxa 切面干涉图的一部分。转动物台,根据弯曲黑带移动情况,找出弯曲黑带顶点凸出的方向;按弯曲黑带顶点凸向 Bxa 的出露点,找出 Bxa 出露点在视域外的方位后,就可以按照垂直 Bxa 切面干涉图的测定光性符号方法进行测定。由于与光轴面及光学主轴都斜交切面的干涉图与一轴晶斜交光轴切面的干涉图,斜交角度很大时较难区别,通常不用作光性测定。

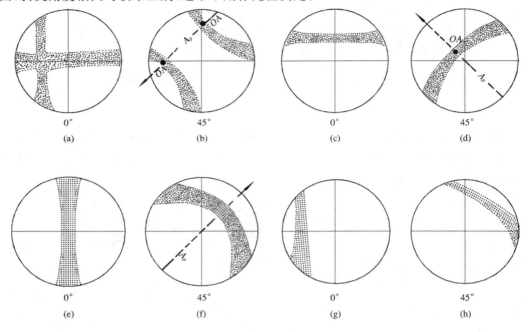

图 5-18 二轴晶斜交光轴切面的干涉图

4. 垂直钝角等分线(Bxo)切面的干涉图

(1)形像特点。当光轴面与上、下偏光镜振动方向之一平行时,为一个较为粗大模糊的黑十字,黑十字四个象限仅出现一级灰干涉色,如果双折率很高时,可出现较稀疏的干涉色色圈。转动物台,黑十字迅速分裂成双曲线形黑带,并沿光轴面方向逸出视域,其物台转角一般为 $10°\sim25°$。当光轴面与上、下偏光镜振动方向成 45°夹角时,弯曲黑带的两个顶点位于视域之外。继续转动物台,弯曲黑带逐渐靠近,至 90°时,又出现一个粗大模糊的黑十字。再转物台,黑十字又分裂。

(2)光性正负的测定。当光轴面与上、下偏光镜振动方向成 45°夹角时,视域中心为 Bxo 的出露点,与垂直 Bxa 切面干涉图相反,在弯曲黑带之间,与光轴面迹线一致的是 Bxa 的投影方向,垂直光轴面迹线的方向为 N_m。加入试板后,其干涉色级序的升降变化与垂直 Bxa 切片干涉图的干涉色级序升降变化正好相反。

5. 平行光轴面切面的干涉图

(1)形像特点。与一轴晶平行光轴切片的干涉图相似;当 Bxa、Bxo 方向分别与上、下偏光镜振动方向平行时,为粗大模糊的黑十字,几乎占据整个视域;转动物台,黑十字分裂并迅速退出视域(一般在 10°以内),故亦称瞬变干涉图或闪图。当 Bxa、Bxo 方向与上、下偏光镜振动方向成 45°夹角时,视域最亮;如果矿片的双折率较大时,可出现干涉色色带,在 Bxa 方向的两个象限中,干涉色较低;在 Bxo 方向的两个象限中,干涉色与中央近于相同或稍高一点。

(2)光性正负的测定。由于这种干涉图与一轴晶的干涉图常难以区别,一般不用此测定光性符号。但当轴性已知,亦可测定光性符号。当视域最亮时,根据干涉色级序较低二象限联

线方向为 Bxa 方向,找出 Bxa 在切片上的方位后,加入试板,根据整个视域内干涉色级序的升降变化,确定 Bxa 是 N_g 或是 N_p 之后,即确定了光性符号。

六、透明矿物薄片系统鉴定的程序

在薄片中应首先区分均质体与非均质体矿物。均质体矿物各方向切面,在正交偏光镜间均为全消光,在锥光镜下无干涉图。非均质体矿物,只有垂直光轴切面在正交偏光镜下全消光,其他方向切面在正交偏光镜下出现四次消光、四次明亮现象,在锥光镜下会产生各种类型的干涉图。

1. 均质体的鉴定程序

在单偏光镜下观察晶形、解理、颜色及突起等级、包裹体特征、次生变化等特征。

2. 非均质体的鉴定程序

非均质体的鉴定通常采用下列程序:

(1) 在单偏光镜下观察晶形、解理、颜色及突起等级,并测定解理夹角。在正交偏光镜下观察消光类型,如为平行消光,则测定延性符号,观察双晶类型。

(2) 选择一个垂直光轴的切面,在锥光镜下,根据干涉图特征确定轴性,测定光性符号。若为二轴晶,估计 $2V$ 大小。若为有色矿物,用这种切面在单偏光镜下观察 N_o(一轴晶)或 N_m(二轴晶)的颜色。

如果薄片中找不到垂直光轴的切面,一轴晶可选一个光轴倾角较小的斜交光轴切面,测定上述光学性质。利用这种切面观察 N_o 颜色时,应先在正交偏光镜下确定 N_o 的方向,并使 N_o 平行于 PP(此时矿片消光)后,推出上偏光镜,观察 N_o 的颜色。二轴晶可以选一个垂直光轴面的斜交光轴切面(光轴倾角不大),测定上述光学性质。利用这种切面测定 N_m 的颜色时,必须先确定 N_m 的方向。该切面干涉图的特征是,当光轴与 AA 或 PP 平行时,直的黑带通过视域中心并平分视域。此时,垂直该直黑带的方向即为 N_m 方向。然后,使 N_m 平行于 PP,去掉锥光装置,在单偏光镜下观察 N_m 的颜色。如果不需要观察 N_m 的颜色(如无色矿物),则选一个光轴倾角不大的任意斜交光轴的切面,代替垂直光轴切面。

(3) 对于一轴晶矿物,选择一个平行光轴的切面,在正交偏光镜下测定最高干涉色级序及最大双折射率值。若为有色矿物,使 N_e 平行 PP,在单偏光镜下,观察 N_e 的颜色;转动载物台 $90°$,使 N_o 平行于 PP,观察 N_o 的颜色。同时,观察多色性明显程度、吸收性及闪突起现象,并写出多色性。

(4) 对于二轴晶矿物,选择一个平行光轴面的切面,在正交偏光镜下,测定最高干涉色序、最大双折射率值,若为单斜晶系,且 $N_m /\!/ Y$ 轴时,可测定消光角大小。还应确定 N_g 与 N_p 的方向。若为有色矿物,使 N_g 平行 PP,在单偏光镜下观察 N_g 的颜色;转动载物台 $90°$,使 N_p 平行 PP 方向,观察 N_p 的颜色。同时观察多色性明显程度、吸收性及闪突起现象。结合垂直光轴切面上观察的 N_m 颜色,写出多色性。

总之,要想系统、准确地鉴定未知矿物,应掌握偏光显微镜的基本操作方法,并在此基础上进行反复的实践。矿物的特征是多方面的,一般不需要面面俱到,只要观察和描述矿物主要鉴定特征,能将矿物区分开来就可以。用偏光显微镜鉴定矿物,应尽可能在单偏光或正交偏光镜下解决问题。只有在测定轴性、光性、估计 $2V$ 大小时,才使用锥光系统观察。在实验中,上述三种光学条件的使用,通常是交插进行的,尤其在单偏光和正交偏光条件下观察矿物时,常常是反复进行的。

参考文献

[1]　夏邦栋.普通地质学[M].北京:地质出版社,1995.

[2]　郑家欣.风景与旅游地学概论[M].上海:同济大学出版社,1996.

[3]　同济大学基础地质教研室.矿物岩石实验指导书[M].上海:同济大学出版社,1981.

[4]　潘兆橹.结晶学及矿物学[M].北京:地质出版社,1985.

[5]　邱家骧.岩浆岩岩石学[M].北京:地质出版社,1985.

[6]　曾允孚,夏文杰.沉积岩石学[M].北京:地质出版社,1986.

[7]　贺同兴,卢良兆,李树勋等.变质岩岩石学[M].北京:地质出版社,1980.

[8]　长春地质学院岩石教研室.偏光显微镜技术,1985.

[9]　长春地质学院岩石教研室.岩浆岩石学实习指导书,1985.

[10]　长春地质学院岩石教研室.沉积岩石学实习指导书,1985.

[11]　狄明信.矿物岩石学实验技术[M].东营:石油大学出版社,1998.

[12]　长春地质学院岩石教研室.透明矿物薄片鉴定,1985.

[13]　张宝政,陈琦.地质学原理[M].北京:地质出版社,1983.

[14]　唐洪明.矿物岩石学[M].北京:石油工业出版社,2007.

[15]　赵珊茸.结晶学及矿物学[M].北京:高等教育出版社,2009.

[16]　徐夕生.火成岩岩石学[M].北京:科学出版社,2010.

[17]　王对兴.岩石学实验教程[M].北京:地质出版社,2010.

[18]　种瑞元,滕以俊,孔华.岩石分类命名与鉴定,辽宁省地质矿产局,1984.

[19]　成都地质学院岩石教研室.晶体光学[M].北京:地质出版社,1978.

附表 1　　　　　　　　　　　　　　　　　　　矿物鉴定表　　　　　　　　　　　　　　　　　实验学生填写

编号	矿物名称	化学成分	形态	颜色	条痕	光泽	透明度	解理或断口	硬度	相对密度	与酸碱反应、磁性、电性、弹性等特征
1											
2											
3											
4											
5											
6											
7											
8											

学号：　　　　　　　　姓名：　　　　　　　　日期：